慕课版

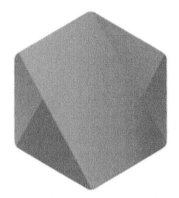

立 体 化 服 务 ， 从 入 门 到 精 通

Node.js

Web开发实战

李翠霞 严晓龙 王勇 ◎ 主编　赵鲲 ◎ 副主编

明日科技 ◎ 策划

人民邮电出版社

北京

图书在版编目（ＣＩＰ）数据

Node.js Web开发实战：慕课版 / 李翠霞，严晓龙，
王勇主编. -- 北京：人民邮电出版社，2020.8
ISBN 978-7-115-52094-4

Ⅰ．①N… Ⅱ．①李… ②严… ③王… Ⅲ．①网页制
作工具－JAVA语言－程序设计 Ⅳ．①TP393.092.2
②TP312.8

中国版本图书馆CIP数据核字(2019)第211987号

内 容 提 要

本书从客户端和服务器的概念讲起，一步一步详细讲解 Node.js 相关内容。全书共分 14 章，内容包括初识 Node.js、JavaScript 基础、Node.js 基础入门、异步编程与包管理、http 模块、Web 开发中的模板引擎、Node.js 中的文件操作、express 模块、MySQL 数据库、Express 框架、socket.io 模块、MongoDB 数据库、综合项目——全栈开发博客网、课程设计——网络版五子棋。全书每章内容都与实例紧密结合，有助于读者理解知识、应用知识，达到学以致用的目的。

本书是慕课版教材，各章配备了教学视频，并且在人邮学院（www.rymooc.com）平台上提供了慕课。此外，本书还提供所有实例和案例项目的源代码、制作精良的电子课件 PPT、自测题库等内容。其中，源代码全部经过精心测试，能够在 Windows 7、Windows 10 系统下编译和运行。

本书可作为应用型本科计算机专业、软件工程专业和高职软件及相关专业的教材，同时也适合网站开发爱好者及初、中级的 Node.js 开发人员使用。

◆ 主　　编　李翠霞　严晓龙　王　勇

　　副主编　赵　鲲

　　责任编辑　李　召

　　责任印制　王　郁　陈　犇

◆ 人民邮电出版社出版发行　　北京市丰台区成寿寺路 11 号

　　邮编　100164　　电子邮件　315@ptpress.com.cn

　　网址　https://www.ptpress.com.cn

　　固安县铭成印刷有限公司印刷

◆ 开本：787×1092　1/16

　　印张：16.25　　　　　　　　　2020 年 8 月第 1 版

　　字数：448 千字　　　　　　　2024 年 7 月河北第 7 次印刷

定价：59.80 元

读者服务热线：(010)81055256　印装质量热线：(010)81055316
反盗版热线：(010)81055315
广告经营许可证：京东市监广登字 20170147 号

前言
Foreword

为了让读者能够快速且牢固地掌握 Node.js 开发技术，人民邮电出版社充分发挥在线教育方面的技术优势、内容优势、人才优势，潜心研究，为读者提供一种"纸质图书+在线课程"相配套，全方位学习 Node.js 开发的解决方案。读者可根据个人需求，利用图书和"人邮学院"平台上的在线课程进行系统化、移动化的学习，以便快速全面地掌握 Node.js 开发技术。

一、如何学习慕课版课程

本课程依托人民邮电出版社自主开发的在线教育慕课平台——人邮学院（www.rymooc.com），该平台为学习者提供优质、海量的课程，课程结构严谨，用户可以根据自身的学习程度，自主安排学习进度，并且平台具有完备的在线"学习、笔记、讨论、测验"功能。人邮学院为每一位学习者提供完善的一站式学习服务（见图1）。

图1　人邮学院首页

为了使读者更好地完成慕课的学习，现将本课程的使用方法介绍如下。

1. 用户购买本书后，找到粘贴在书封底上的刮刮卡，刮开，获得激活码（见图2）。

2. 登录人邮学院网站（www.rymooc.com），或扫描封面上的二维码，使用手机号码完成网站注册（见图3）。

图2　激活码

图3　注册人邮学院网站

3. 注册完成后，返回网站首页，单击页面右上角的"学习卡"选项（见图4），进入"学习卡"页面（见图5），输入激活码，即可获得该慕课的学习权限。

图4 单击"学习卡"选项

图5 在"学习卡"页面输入激活码

4. 输入激活码后，即可获得该课程的学习权限后，读者可随时随地使用计算机、平板电脑、手机学习本课程的任意章节，根据自身情况自主安排学习进度（见图6）。

5. 在学习慕课的同时，阅读本书中相关章节的内容，巩固所学知识。本书既可与慕课配合使用，也可单独使用，书中主要章节均放置了二维码，用户扫描二维码即可在手机上观看相应章节的视频讲解。

6. 学完一章内容后，可通过精心设计的在线测试题，查看知识掌握程度（见图7）。

图6 课时列表

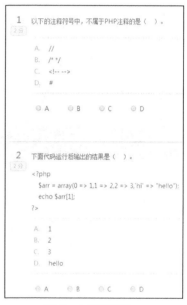

图7 在线测试题

7. 如果对所学内容有疑问，还可到讨论区提问，除了有大牛导师答疑解惑以外，同学之间也可互相交流学习心得（见图8）。

8. 书中配套的PPT、源代码等教学资源，用户可在该课程的首页找到相应的下载链接（见图9）。

图8 讨论区

图9 配套资源

关于人邮学院平台使用的任何疑问，可登录人邮学院咨询在线客服，或致电：010-81055236。

二、本书特点

Node.js 是一个让 JavaScript 运行在服务端的开发平台，它让 JavaScript 成为与 PHP、Python、Perl、Ruby 等服务端语言平起平坐的脚本语言。Node.js 的出现，让不懂服务器开发语言的程序员，也可以非常容易地创建自己的服务。

在当前的教育体系下，实例教学是计算机语言教学最有效的方法之一，本书将 Node.js 理论知识和实用的实例有机结合起来，一方面，跟踪 Node.js 相关技术的发展，适应市场需求，精心选择内容，突出重点、强调实用，使知识讲解全面、系统；另一方面，设计典型的实例，将实例融入知识讲解中，使知识与实例相辅相成，既有利于学生学习知识，又有利于指导学生实践。另外，本书在每一章的末尾还提供了习题，方便读者及时验证自己的学习效果。

本书作为教材使用时，课堂教学建议 35～45 学时，实验教学建议 20～25 学时。各章主要内容和学时建议分配如下，教师可以根据实际教学情况进行调整。

章	主 要 内 容	课堂学时	实验学时
第 1 章	本章首先介绍了 Node.js 的产生背景及 Node.js 的优缺点等知识；然后，详细讲解了 Node.js 的下载和安装过程，同时介绍了 JavaScript 代码编辑器——WebStorm 的下载与安装；最后，讲解了使用 CMD 控制台，创建一个 Web 服务器的过程，为后面的进阶学习打下良好的基础	1～2	1
第 2 章	本章主要针对 JavaScript 语言的基本语法进行讲解，包括数据结构、数据类型、运算符与表达式、流程控制语句、函数等。其中，流程控制语句和函数在实际开发中经常会用到，需要认真学习并做到灵活运用	2～3	1
第 3 章	本章介绍了 Node.js 提供的全局变量、全局对象和全局函数；同时也介绍了通过 exports 对象和 module 对象在 Node.js 中进行模块化编程；最后介绍了 Node.js 中的几种内置模块，以使读者掌握 Node.js 文档的技巧和使用模块的方法	3～4	1
第 4 章	本章介绍了 Node.js 中的异步编程机制——回调函数。异步编程执行时，不确定完毕时间，回调函数会被压入到一个队列，然后接着往下执行其他代码，直到异步函数执行完成后，才会调用相应的回调函数。同时，也介绍了在 Node.js 中如何添加、删除和触发监听事件，介绍了什么是 EventEmitter 对象。最后，介绍了 Node.js 中常见的操作：包管理	3～4	1
第 5 章	本章介绍了 Web 应用开发中请求与响应的原理，并且介绍了客户端和服务端的基本概念；介绍了 Node.js 中的 server 对象创建 Web 服务器，并且详细介绍了使用 response 对象和 request 对象完成网页的请求与访问	3～4	1～2
第 6 章	本章介绍了 ejs 模块中的渲染方法 render()，并且通过 ejs 模块中的渲染标识，将数据动态渲染到 ejs 文件中；介绍了 pug 模块中的渲染方法 compile()，以及使用 pug 模块中的渲染标识，将数据动态渲染到 pug 文件中	2～3	1～2

章	主 要 内 容	课堂学时	实验学时
第 7 章	本章介绍了 Node.js 中系统文件的常用操作方法，包括文件的基本操作（文件的读取与写入，出现异常时如何处理）、文件的其他操作（截断文件、删除文件和复制文件）和有关目录的常用操作（创建目录、读取目录和删除空目录等），为后面的 Web 应用开发打下基础	3～4	1
第 8 章	本章介绍了 express 模块中 request 对象和 response 对象的使用方法；重点介绍了 express 模块中间件的概念，以及 express 模块中常用模块的使用方法；最后，对 RESTful Web 服务开发进行了简单的介绍	2～3	1～2
第 9 章	本章介绍了 MySQL 数据库的下载和安装；介绍了 MySQL 数据库中的基本命令，包括创建数据库和数据表，添加、查询、修改和删除数据表中数据的操作；最后介绍 Node.js 中的 mysql 模块，以及实现 MySQL 数据库开发 Web 应用的基本操作	3	1
第 10 章	本章在 express 模块的基础上，进一步介绍了 Express 框架的使用方法；对 express 模块的核心文件 app.js 进行了详细的介绍，包括创建 Web 服务器、设置中间件和路由的配置等；最后通过一个选座购票的小示例，演示了如何使用 Express 框架的方法	2～3	1～2
第 11 章	本章介绍了 socket.io 模块的基本操作，包括创建 WebSocket 服务器、创建 WebSocket 客户端和创建 WebSocket 事件；介绍了 socket 的三种通信类型（public 方式、broadcast 方式和 private 方式）；最后通过一个简单的聊天室项目，实战练习了 socket.io 模块的相关操作	2～3	1～2
第 12 章	本章介绍了关系型数据库与非关系型数据库的区别，以及如何下载和安装 MongoDB 数据库；介绍了 MongoDB 数据库的基本操作，包括数据库和集合的创建，如何添加数据、查询数据、修改和删除数据等；最后使用 mongojs 模块和 Express 框架，完成了一个简单的网站制作项目	3	3
第 13 章	本章使用 Node.js 等相关技术，设计并制作了一个面向程序员的博客网站——全栈开发博客网。循序渐进，由浅入深，从注册到登录，从文章列表到留言评论，带领读者一步一步完成博客网站的基本通用功能	3	4
第 14 章	本章设计和制作了一个网络版趣味智力小游戏——五子棋。该游戏不是只能和电脑机器人对战的单机版五子棋，而可以让两位真人游戏玩家实时通过网络进行对战。该游戏使用 Node.js 搭建服务器，通过 Socket.io 实时显示游戏玩家的棋子状态，最后利用 Canvas 技术完成五子棋的胜负逻辑算法。分析游戏当中的关键代码，可以帮助读者熟练应用 Node.js 等相关技术，为今后真正的大型游戏制作奠定基础	3	2

本书由李翠霞、严晓龙、王勇任主编，赵鲲任副主编。其中，赵鲲编写了第 10 章至第 15 章。由于编者水平有限，书中难免存在疏漏和不足之处，敬请广大读者批评指正，从而使本书得以改进和完善。

编者

2020 年 4 月

目录
Contents

第1章　初识 Node.js　　　　　　1

1.1　Node.js 简介　　　　　　2
  1.1.1　Web 和互联网　　　　2
  1.1.2　V8 引擎和 Node.js　　3
  1.1.3　Node.js 的优缺点　　4
1.2　Node.js 的安装　　　　　4
  1.2.1　Node.js 的下载安装　　4
  1.2.2　测试 Node.js 是否安装成功　6
  1.2.3　控制台 CMD 常见命令　7
1.3　WebStorm 代码编辑器　　9
  1.3.1　WebStorm 的下载与安装　9
  1.3.2　运行 JavaScript 程序　11
1.4　第一个 Node.js 服务器程序　12
  1.4.1　创建项目　　　　　13
  1.4.2　启动 Node.js 服务器　14
小结　　　　　　　　　　　15
上机指导　　　　　　　　　15
习题　　　　　　　　　　　16

第2章　JavaScript 基础　　　17

2.1　JavaScript 概述　　　　18
  2.1.1　什么是 JavaScript 语言　18
  2.1.2　为什么学习 JavaScript 语言　18
  2.1.3　JavaScript 的应用　19
2.2　JavaScript 数据类型　　21
  2.2.1　数值型　　　　　　21
  2.2.2　字符串型　　　　　23
  2.2.3　布尔值和特殊数据类型　25
2.3　JavaScript 基本语句　　26
  2.3.1　条件判断语句　　　26
  2.3.2　循环语句　　　　　30
2.4　JavaScript 函数　　　　33
  2.4.1　函数的定义　　　　33

  2.4.2　函数的调用　　　　34
小结　　　　　　　　　　　37
上机指导　　　　　　　　　37
习题　　　　　　　　　　　38

第3章　Node.js 基础入门　　39

3.1　Node.js 全局对象　　　40
  3.1.1　全局变量　　　　　40
  3.1.2　全局对象　　　　　40
  3.1.3　全局函数　　　　　45
3.2　模块化编程　　　　　　46
  3.2.1　exports 对象　　　46
  3.2.2　module 对象　　　47
3.3　基本内置模块　　　　　48
  3.3.1　os 模块　　　　　49
  3.3.2　url 模块　　　　　50
  3.3.3　Query String 模块　51
  3.3.4　util 模块　　　　　52
  3.3.5　crypto 模块　　　　53
小结　　　　　　　　　　　54
上机指导　　　　　　　　　54
习题　　　　　　　　　　　55

第4章　异步编程与包管理　　56

4.1　异步编程　　　　　　　57
  4.1.1　同步和异步　　　　57
  4.1.2　回调函数　　　　　59
4.2　事件驱动　　　　　　　60
  4.2.1　添加监听事件　　　61
  4.2.2　删除监听事件　　　63
  4.2.3　主动触发监听事件　65
  4.2.4　EventEmitter 对象　66
4.3　包管理　　　　　　　　68
  4.3.1　包的概念　　　　　68

4.3.2　NPM 的概念　　　68
4.3.3　NPM 的基本应用　　69
小结　　　70
上机指导　　　70
习题　　　71

第 5 章　http 模块　　72

5.1　Web 应用服务　　73
5.1.1　请求与响应　　73
5.1.2　客户端与服务端　　74
5.2　server 对象　　75
5.2.1　server 对象中的方法　　76
5.2.2　server 对象中的事件　　77
5.3　response 对象　　78
5.3.1　响应 HTML 文件　　79
5.3.2　响应多媒体　　81
5.3.3　网页自动跳转　　83
5.4　request 对象　　85
5.4.1　GET 请求　　85
5.4.2　POST 请求　　86
小结　　　89
上机指导　　　89
习题　　　91

第 6 章　Web 开发中的模板引擎　　92

6.1　ejs 模块　　93
6.1.1　ejs 模块的渲染　　93
6.1.2　ejs 模块的数据传递　　96
6.2　pug 模块　　99
6.2.1　pug 模块的渲染方法　　99
6.2.2　pug 模块的数据传递　　101
小结　　　103
上机指导　　　104
习题　　　105

第 7 章　Node.js 中的文件操作　　106

7.1　文件基本操作　　107
7.1.1　文件读取　　107
7.1.2　文件写入　　108

7.1.3　异常处理　　109
7.2　文件的其他操作　　109
7.2.1　截取文件　　110
7.2.2　删除文件　　110
7.2.3　复制文件　　111
7.3　目录常用操作　　113
7.3.1　创建目录　　113
7.3.2　读取目录　　114
7.3.3　删除空目录　　114
7.3.4　查看目录信息　　115
7.3.5　检查目录是否存在　　116
7.3.6　获取目录的绝对路径　　117
小结　　　117
上机指导　　　118
习题　　　118

第 8 章　express 模块　　119

8.1　认识 express 模块　　120
8.1.1　创建 Web 服务器　　120
8.1.2　express 模块中的响应对象　　121
8.1.3　express 模块中的请求对象　　122
8.2　express 模块中的中间件　　123
8.2.1　什么是中间件　　123
8.2.2　router 中间件　　126
8.2.3　static 中间件　　127
8.2.4　cookie parser 中间件　　128
8.2.5　body parser 中间件　　129
8.3　实现 RESTful Web 服务　　131
8.3.1　创建数据库　　132
8.3.2　实现 GET 请求　　133
8.3.3　实现 POST 请求　　134
小结　　　135
上机指导　　　135
习题　　　137

第 9 章　MySQL 数据库　　138

9.1　MySQL 数据库的下载安装　　139
9.1.1　SQL　　139
9.1.2　MySQL 的下载安装　　139
9.2　MySQL 数据库的基本命令　　143
9.2.1　创建数据库　　144

9.2.2　创建数据表　　　　　　145

9.2.3　添加数据　　　　　　　147

9.2.4　查询数据　　　　　　　149

9.2.5　修改数据　　　　　　　151

9.2.6　删除数据　　　　　　　152

9.3　Node.js 中的 mysql 模块　　153

9.3.1　mysql 模块的基本操作　153

9.3.2　使用 mysql 模块显示图书

列表　　　　　　　　　　155

9.3.3　使用 mysql 模块添加图书信息　157

小结　　　　　　　　　　　　　159

上机指导　　　　　　　　　　　159

习题　　　　　　　　　　　　　161

第 10 章　Express 框架　　162

10.1　认识 Express 框架　　　　163

10.1.1　创建项目　　　　　　163

10.1.2　设置项目参数　　　　166

10.2　详解 app.js　　　　　　　167

10.2.1　创建 Web 服务器　　167

10.2.2　设置中间件　　　　　167

10.2.3　设置路由　　　　　　169

10.2.4　页面渲染　　　　　　169

10.3　项目实战——选座购票　　170

10.3.1　服务器端代码实现　　170

10.3.2　客户端代码实现　　　172

10.3.3　执行项目　　　　　　173

小结　　　　　　　　　　　　　175

上机指导　　　　　　　　　　　175

习题　　　　　　　　　　　　　179

第 11 章　socket.io 模块　　180

11.1　socket.io 模块的基本操作　181

11.1.1　创建 WebSocket 服务器　181

11.1.2　创建 WebSocket 客户端　182

11.1.3　创建 WebSocket 事件　　183

11.2　socket 通信的类型　　　　185

11.2.1　public 通信类型　　　186

11.2.2　broadcast 通信类型　　187

11.2.3　private 通信类型　　　188

11.3　项目实战——聊天室　　　190

11.3.1　服务器端代码实现　　190

11.3.2　客户端代码实现　　　191

11.3.3　执行项目　　　　　　192

小结　　　　　　　　　　　　　193

上机指导　　　　　　　　　　　194

习题　　　　　　　　　　　　　196

第 12 章　MongoDB 数据库　　197

12.1　认识 MongoDB 数据库　　198

12.1.1　关系型数据库和非关系型

数据库　　　　　　　　198

12.1.2　MongoDB 数据库的下载与

安装　　　　　　　　　199

12.2　MongoDB 数据库的基本命令　202

12.2.1　使用 JavaScript 语言　202

12.2.2　数据库、集合与文档　203

12.2.3　添加数据　　　　　　204

12.2.4　查询数据　　　　　　205

12.2.5　修改和删除数据　　　206

12.3　项目实战——心情日记　　207

12.3.1　启动项目　　　　　　208

12.3.2　主页功能　　　　　　209

12.3.3　添加日记功能　　　　210

12.3.4　登录退出功能　　　　212

小结　　　　　　　　　　　　　213

上机指导　　　　　　　　　　　213

习题　　　　　　　　　　　　　215

第 13 章　综合项目——全栈开发

博客网　　216

13.1　项目的设计思路　　　　　217

13.1.1　项目概述　　　　　　217

13.1.2　界面预览　　　　　　217

13.1.3　功能结构　　　　　　219

13.1.4　文件夹组织结构　　　219

13.2　注册功能的设计与实现　　219

13.2.1　注册功能的设计　　　219

13.2.2　顶部区和底部区功能的实现　220

13.2.3　注册功能的实现　　　223

13.3　登录功能的设计与实现　　225

13.3.1 登录功能的设计 225

13.3.2 登录功能的实现 225

13.4 文章功能的设计与实现 228

13.4.1 文章功能的设计 228

13.4.2 文章发表功能的实现 230

13.4.3 个人主页的实现 231

13.4.4 文章修改功能的实现 233

13.4.5 文章删除功能的实现 235

13.5 留言功能的设计与实现 236

13.5.1 留言功能的设计 236

13.5.2 留言功能的实现 237

小结 239

第 14 章　课程设计——网络版五子棋 240

14.1 课程设计目的 241

14.2 项目概述 241

14.2.1 功能结构 241

14.2.2 项目构成 242

14.3 进入游戏房间的设计与实现 242

14.3.1 进入游戏房间的设计 242

14.3.2 进入游戏房间的实现 243

14.4 游戏玩家列表的设计与实现 244

14.4.1 游戏玩家列表的设计 244

14.4.2 游戏玩家列表的实现 245

14.5 游戏对战逻辑的设计与实现 246

14.5.1 游戏对战逻辑的设计 246

14.5.2 游戏对战逻辑的实现 247

小结 250

第1章

初识Node.js

本章要点

- 了解Node.js的历史背景及特点
- 掌握Node.js的下载安装与测试
- 熟悉使用WebStorm代码编辑器
- 制作第一个Node.js服务器程序

本章首先将对 Node.js 进行简单介绍，包括 Node.js 产生的历史背景和 Node.js 的优缺点等。然后介绍如何下载安装 Node.js 程序，以及下载安装编写 JavaScript 语言的代码编辑器——WebStorm。最后，将制作一个简单的 Node.js 服务器程序。

1.1 Node.js 简介

Node.js 是目前非常火热的技术，但是它的诞生经历却是非常奇特的。下面，我们首先从互联网的发展历史来了解为什么会出现 Node.js 这门技术。

1.1.1 Web 和互联网

Web 也就是我们每天都会浏览的网站（包括 PC 端和手机端），从 1989 年诞生开始，就不断朝着两个方向持续发展：Web 浏览器和 Web 服务器。如同婴儿的生长发育一样，每一天，身体（Web 浏览器）和智力（Web 服务器）都在不断成长和变化着。

Web 和互联网

1. Web 浏览器：JavaScript 的诞生

Web 浏览器从最原始的只能显示文本的"马赛克"浏览器，到如今以 V8 引擎为代表的谷歌浏览器，可以说发生了翻天覆地的变化，如图 1-1 所示。"马赛克"浏览器，是互联网历史上第一个获普遍使用和能够显示图片的网页浏览器。本书所学习的 Node.js 技术，是在谷歌公司开发的 V8 引擎基础上实现的。

图 1-1 "马赛克"浏览器（左）和谷歌浏览器（右）

在 Web 浏览器的发展历史中，网景浏览器（也称为 Netscape 浏览器）扮演了非常重要的角色。网景浏览器不仅支持图片显示，而且首先引入了图形用户界面（Graphical User Interface，GUI），让网页之间可以通过超链接的方式进行相互关联。值得一提的是，它还首先设计实现了 JavaScript 脚本语言，让 Web 浏览器也具备了初步的编程能力（如动画和表单验证等）。可以说，包括谷歌浏览器在内的众多浏览器，都或多或少参考了网景浏览器的设计模式。图 1-2 为网景浏览器的界面。

2. Web 服务器：从 CGI 到 Node.js

除了 Web 浏览器外，Web 服务器也在蓬勃发展着。Web 服务器最开始是由 C 语言开发的公共网关接口（Common Gateway Interface，CGI）服务器。CGI 服务器能与浏览器进行交互，还可以从数据库中获取数据，但是代码实现冗长，而且开发过程也相当复杂。随着技术的发展，人们开发了越来越多的 Web 服务器。

1995 年出现了由 PHP 语言编写的 Web 服务器。与 CGI 服务器相比，PHP 服务器编写代码更简洁，开发过程也十分容易。与此同时，诸如 Apache 服务器或 Nginx 服务器等功能更丰富的 Web 服务器也都闪亮登场，如图 1-3 所示。

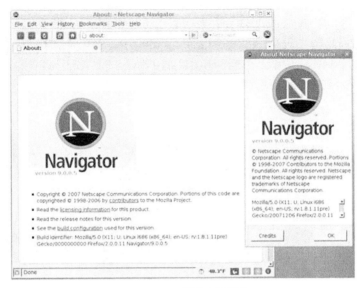

图 1-2　网景浏览器的界面

图 1-3　Apache 服务器 Logo（左）和 Nginx 服务器 Logo（右）

关于 Apache 和 Apache 服务器这两个词，人们总会弄混。实际上，Apache 是一个开源软件项目的非营利性组织，而 Apache 服务器就是这个组织开发的一个软件项目。

1.1.2　V8 引擎和 Node.js

V8 引擎和 Node.js

V8 引擎（见图 1-4）是一个 JavaScript 引擎，最初由一些语言方面的专家设计，后被谷歌收购，随后谷歌对其进行了开源。V8 引擎使用 C++ 开发，在运行 JavaScript 之前，相比其他 JavaScript 引擎转换成字节码或解释执行，V8 引擎将其编译成原生机器码，并且使用了如内联缓存等方法来提高性能。

Node.js 实质就是对 V8 引擎进行了封装。Node.js 是一个 JavaScript 运行框架，在 2009 年 5 月发布，由 Ryan Dahl 开发。Node.js 不是一个 JavaScript 框架，不同于 Rails、Django 等框架，Node.js 也不是 Web 浏览器的库，不能与 jQuery、React 等相提并论。Node.js 是一个让 JavaScript 运行在 Web 服务器的开发平台，它让 JavaScript 可以与 PHP、Python 等服务端语言平起平坐。

图 1-4　V8 引擎的 Logo

1.1.3　Node.js 的优缺点

Node.js（见图 1-5）以 JavaScript 为开发语言，所以 Node.js 的优缺点大部分都是 JavaScript 语言本身的优缺点。JavaScript 语言最大的优点是简单易用。它与 Java 有类似的语法，可以使用任何文本编辑工具编写，只需要浏览器就可执行程序，并且事先不用编译，逐行执行，无须进行严格的变量声明，而且内置大量现成对象，编写少量程序即可以完成目标。

Node.js 的优缺点

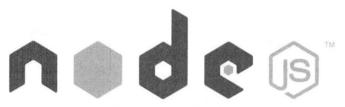

图 1-5　Node.js 的 Logo

但是，优点的反面，也就是 JavaScript 语言的缺点。相比较 Java 等语言，它没有严格的类型检查，虽然开发自由度很高，但是程序容易出错，检查也比较困难，所以对于一些大型应用程序，不建议使用 JavaScript 语言开发。

1.2　Node.js 的安装

在使用 Node.js 之前，首先要下载安装 Node.js。本书以 Windows 操作系统为例，一步一步带领大家安装 Node.js。其他操作系统下的安装（如 Linux 或 Mac OS 等操作系统）也非常简单，建议读者在互联网上寻找相关安装教程，这里不再演示。

1.2.1　Node.js 的下载安装

（1）首先打开浏览器（推荐使用最新的谷歌浏览器），在地址栏中输入 Node.js 的官网地址，按下键盘上的〈Enter〉键，就可以进入到 Node.js 的官网主页，如图 1-6 所示。

Node.js 的下载安装

图 1-6　Node.js 的官网主页

（2）仔细观察图 1-6，可以发现有两个版本的安装包，分别是 10.15.0 LTS 和 11.6.0 Current。11.6.0 Current 表示当前最新版本，10.15.0 LTS 中的 LTS 是 "Long Time Support" 的缩写，也就是长期支持的意思。在实际开发中，会使用比较稳定的版本，如 10.15.0 LTS 版本，而学习过程中可以使用最新的版本，也就是 11.6.0 Current 版本。

本书写作时，Node.js 官网的版本号如图 1-6 所示，随着 Node.js 不断的升级更新，读者购买本书时，可能 Node.js 的版本号会发生变化，但下载安装方法相同，不影响本书的学习。

安装 Node.js，只需要单击页面中 "11.6.0 Current" 的绿色方块即可。下载后的文件如图 1-7 所示。

（3）接下来，用鼠标双击 "node-v11.6.0-x64.msi"，在弹出的对话框中，单击 "Next" 按钮，如图 1-8 所示。

（4）在弹出的对话框中，勾选 "I accept the terms in the License Agreement" 表示同意，单击 "Next" 按钮，如图 1-9 所示。

图 1-7　Node.js 的下载后的文件

图 1-8　"安装提示" 对话框

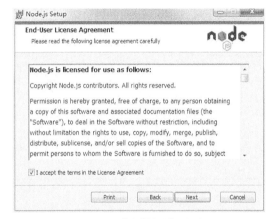

图 1-9　"安装协议" 对话框

（5）在弹出的对话框中，设置安装路径，可以单击 "Change" 按钮修改，这里建议不要修改。然后单击 "Next" 按钮，如图 1-10 所示。

（6）在弹出的自定义对话框中，不进行任何修改，单击 "Next" 按钮，如图 1-11 所示。

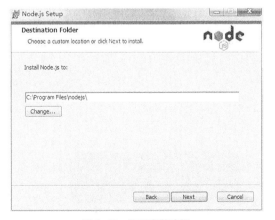

图 1-10　设置安装路径

图 1-11　"自定义" 对话框

（7）在弹出的工具模块对话框中，不进行任何修改，单击"Next"按钮，如图 1-12 所示。

（8）在弹出的准备安装对话框中，不进行任何修改，单击"Install"按钮，如图 1-13 所示。

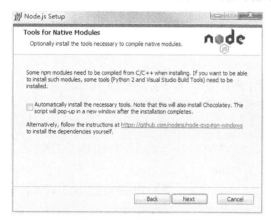

图 1-12　"工具模块"对话框

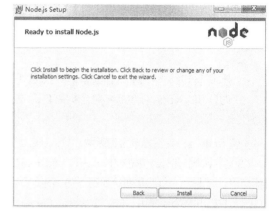

图 1-13　"准备安装"对话框

（9）接下来，Node.js 会开始自动安装程序，如图 1-14 所示。

（10）安装完毕后，会出现安装完毕提示框，如图 1-15 所示，单击"Finish"按钮，则安装成功。

图 1-14　安装程序

图 1-15　安装完毕提示框

1.2.2　测试 Node.js 是否安装成功

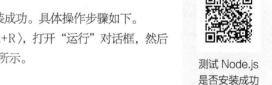

测试 Node.js
是否安装成功

Node.js 安装完后，可以测试一下 Node.js 是否安装成功。具体操作步骤如下。

（1）打开 CMD 控制台。可以使用键盘快捷键〈Win+R〉，打开"运行"对话框，然后输入"cmd"，就可以打开 CMD 控制台了，如图 1-16 所示。

图 1-16　打开 CMD 控制台

（2）在 CMD 控制台，输入"node -v"命令（其中 v 是 version 的缩写，表示 Node.js 当前的版本号），然后按键盘上的〈Enter〉键。那么，如果 Node.js 安装成功，则会显示图 1-17 所示的界面。

图 1-17　Node.js 测试安装成功

1.2.3　控制台 CMD 常见命令

控制台 CMD
常见命令

在测试 Node.js 是否安装成功的时候，我们使用了控制台 CMD 命令。那么，什么是 CMD 命令呢？CMD 是 command 的缩写，即命令提示符。命令提示符是在操作系统中提示进行命令输入的一种工作提示符。在不同的操作系统中，命令提示符是各不相同的。CMD 是 Windows 系统的命令提示符，是微软基于 Windows 系统上的命令解释程序。

Node.js 的所有操作都需要依赖 CMD 控制台，下面介绍几个 CMD 中的常见命令，以帮助我们更好地使用 Node.js。

（1）help 命令，可以查看所有的 CMD 命令。具体操作如下：打开 CMD 控制台后，输入"help"命令，就会显示所有的 CMD 命令，如图 1-18 所示。

图 1-18　help 命令

（2）dir 命令，可以查看当前目录下的所有条目。具体操作如下：打开 CMD 控制台后，输入"dir"命令，就可以显示在当前目录下的所有条目，如（文件夹或文件等），如图 1-19 所示。

这时大家可以打开图形界面的文件管理，进入"C:\Users\Administrator"目录，如图 1-20 所示，就可以发现，其实 CMD 控制台是 Windows 操作系统的另一种操作方式，CMD 控制台当前目录下的文件与 Windows 操作系统下的图形界面内容是一样的。

（3）cls 命令，可以进行清屏操作，控制台输出的内容就会全部消失。具体操作如下：打开 CMD 控制台后，输入"cls"命令，就会清除控制台下的内容，如图 1-21 所示。

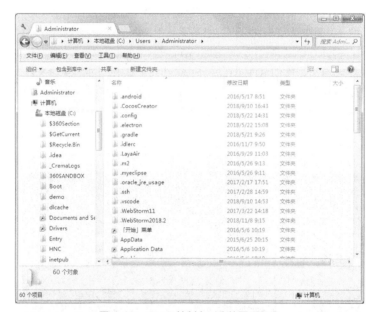

图 1-19　dir 命令

图 1-20　CMD 控制台对应的图形界面

图 1-21　cls 命令

1.3 WebStorm 代码编辑器

本书使用的 JavaScript 代码编辑器是 WebStorm（见图 1-22）。WebStorm 是 jetbrains 公司旗下的一款 JavaScript 开发工具，支持不同浏览器的提示，包括当前流行的 JavaScript 库，被广大中国 JavaScript 开发者誉为 Web 前端开发神器、强大的 HTML5 编辑器、智能的 JavaScript IDE 等。

图 1-22 WebStorm 代码编辑器

1.3.1 WebStorm 的下载与安装

（1）首先打开浏览器（推荐使用谷歌浏览器），进入 WebStorm 官网，单击 "DOWNLOAD" 按钮，即可下载 WebStorm 编辑器的最新版本，如图 1-23 所示。

WebStorm 的
下载与安装

图 1-23 WebStorm 官网地址

（2）下载完成以后，页面中会弹出会话框，询问是否保留所下载的 WebStorm，单击 "保留" 按钮即可将 WebStorm 安装包保留至本地，如图 1-24 所示。

（3）双击打开本地的 WebStorm 的安装包，开始安装 WebStorm，如图 1-25 所示，单击 "Next" 按钮，进入图 1-26 所示的页面，在该页面中单击按钮 "Browse" 选择安装路径，选择完成以后，再次单击 "Next" 按钮进入下一步。

图 1-24　保存 WebStorm 安装包至本地

图 1-25　开始安装 WebStorm

图 1-26　选择安装路径

（4）图 1-27 所示为安装选项页面，为了方便以后打开 WebStorm，可以在计算机桌面中新建快捷方式。
新建时，只需在第一项中选择符合自己计算机系统类型的快捷方式，然后单击"Next"按钮进入下一步，选择
开始菜单文件夹页面，如图 1-28 所示，选择默认的"JetBrains"即可，单击"Next"按钮进入下一步。

图 1-27　添加快捷方式

图 1-28　选择开始菜单文件夹

（5）选择完开始菜单文件夹以后，进入 WebStorm 安装页面，如图 1-29 所示。安装完成以后，"Next"按钮会变成可单击的状态，单击该按钮，进入图 1-30 所示的提示用户安装完成的页面，单击"Finish"按钮即可。

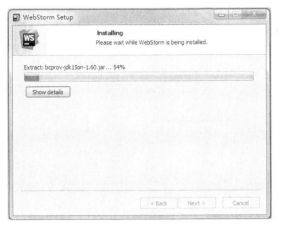

图 1-29　安装 WebStorm　　　　　　　　　　图 1-30　安装完成

1.3.2　运行 JavaScript 程序

下面，我们使用 WebStorm 代码编辑器创建并运行一个简单的 JavaScript 程序。具体操作步骤如下。

（1）双击打开 WebStorm，打开后的页面如图 1-31 所示，单击"Create New Project"按钮可以新建一个项目。

运行 JavaScript 程序

图 1-31　新建项目

（2）图 1-32 所示为选择新建项目文件的路径的页面，读者也可以单击右侧文件夹的图标选择已有的文件夹，然后单击"Create"按钮创建项目。接下来需要创建 HTML 文件，创建方法是，右键单击项目名称，然后选择"New"→"HTML File"，如图 1-33 所示，进入为 HTML 文件命名的页面。

（3）图 1-34 所示为新建的 HTML 5 文件命名的页面，为文件命名时，其后缀名可以省略。输入名称以后，单击"OK"按钮，进入图 1-35 所示的页面，在该页面中，读者可以在<title>标签中修改网页的标题，在<body>标签中添加网页的正文。例如本实例中，修改网页的标题为"我的第一个 HTML5 页面"，并且添加网页正文内容为"明天你好"。代码编写完成后，单击右侧 Google Chrome 浏览器的图标，即可在谷歌浏览器中运行本实例。

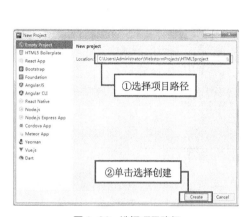

图 1-32 选择项目路径

图 1-33 创建 HTML 文件

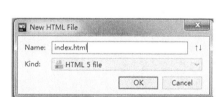

图 1-34 为 HTML 文件命名

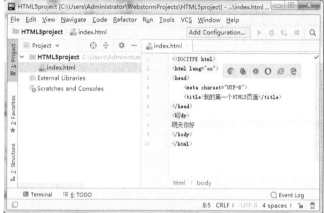

图 1-35 代码编写页面

1.4 第一个 Node.js 服务器程序

【例 1-1】 首先，我们快速体验一下如何启动一个 Node.js 服务器，如何使用 CMD 控制台的 node 命令，效果如图 1-36 所示。（实例位置：资源包\MR\源码\第 1 章\1-1）

图 1-36 第一个 Node.js 服务器程序

1.4.1 创建项目

（1）创建目录 C:\Demo\C1，这个目录用于放置第 1 章学习中的代码文件。

（2）打开 WebStorm 编辑器，在该文件夹下，创建项目 1-1，如图 1-37 所示。

创建项目

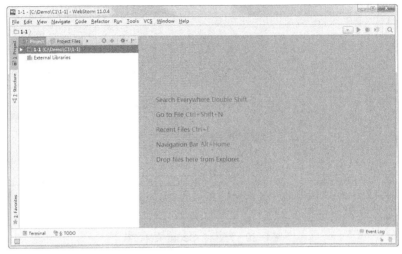

图 1-37　使用 WebStorm 创建 1-1 项目

（3）选中"1-1"选项，单击鼠标右键，在弹出的快捷菜单中，选择"New"→"JavaScript File"即可，如图 1-38 所示。

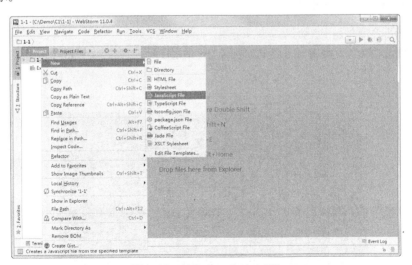

图 1-38　创建 JavaScript 文件

（4）在弹出的对话框中，为 JavaScript 文件命名，输入"1-1"后，单击"OK"按钮即可，如图 1-39 所示。

（5）在右侧的代码编辑区内，开始编写代码。具体代码如下。

```
//加载http模块
var http = require('http');
console.log("请打开浏览器，输入地址 http://127.0.0.1:3000/")
```

```
//创建http服务器, //监听网址127.0.0.1 端口号3000
http.createServer(function(req, res) {
    res.end('hello,Node.js!');
    console.log("服务器正常! ");
}).listen(3000,'127.0.0.1');
```

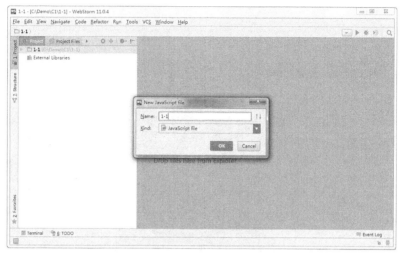

图 1-39　为 JavaScript 文件命名

　　这里，使用 Node.js 创建了一个 Web 服务器，并且监听 IP 地址为 127.0.0.1、端口号为 3000 的访问地址。

1.4.2　启动 Node.js 服务器

　　接下来，使用 CMD 控制台启动 Node.js 服务器。具体操作如下。

　　（1）打开 CMD 控制台，使用 cd 命令进入项目 1-1 的根目录，具体的命令操作如图 1-40 所示。

启动 Node.js
服务器

图 1-40　使用 cd 命令进入项目根目录

　　（2）在 CMD 控制台，输入命令"node 1-1.js"，执行 1-1.js 文件的程序代码。输入命令时，"node"命令后面需要输入一个空格。执行结果如图 1-41 所示。

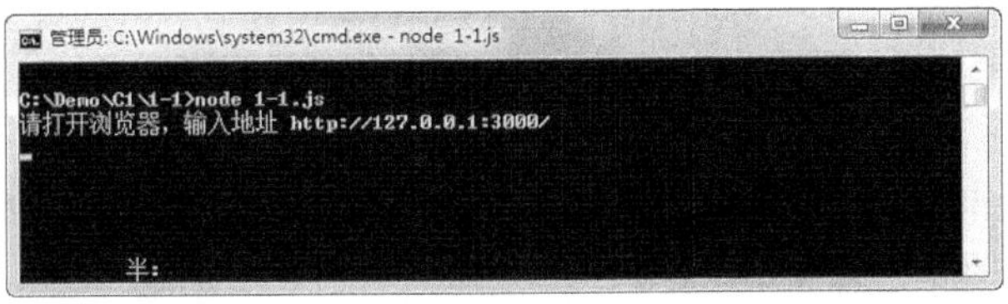

图 1-41　执行 node 命令

（3）打开浏览器（推荐谷歌浏览器），在地址栏输入 http://127.0.0.1:3000/，并按下〈Enter〉键，执行结果如图 1-42 所示。

图 1-42　浏览器执行结果

小 结

本章首先介绍了 Node.js 的产生背景及 Node.js 的优缺点等知识。然后，详细讲解了 Node.js 的下载和安装过程，同时介绍了 JavaScript 代码编辑器——WebStorm 的下载与安装。最后，讲解了使用 CMD 控制台创建一个 Web 服务器的过程，为后面的进阶学习打下良好的基础。

上机指导

使用 CMD 控制台，创建一个 Node.js 服务器，打开浏览器后，显示"纵有疾风起，人生不言弃"的名言警句。其中端口使用 53373。

步骤如下。

（1）使用 WebStorm 代码编辑器创建一个 test-1.js 文件。

（2）在 WebStorm 代码编辑区内，开始编写代码。具体代码如下。

```
//加载http模块
var http = require('http');
console.log("请打开浏览器，输入地址 http://127.0.0.1:53373/")

//创建http服务器, //监听网址127.0.0.1 端口号53373
http.createServer(function(req, res) {
    res.write('<head><meta charset="utf-8"/></head>');
    res.end('纵有疾风起，人生不言弃！ ');
    console.log("服务器正常！ ");
}).listen(53373,'127.0.0.1');
```

这里，使用 Node.js 创建了一个 Web 服务器，并且监听 IP 地址为 127.0.0.1、端口号为 53373 的访问地址。使用 utf-8 保证中文不乱码。

（3）打开 CMD 控制台，进入项目的根目录。输入命令"node test-1.js"，执行 test-1.js 文件的程序代码。执行结果如图 1-43 所示。

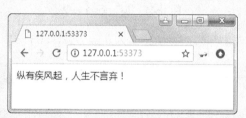

图 1-43　上机指导的执行结果

习 题

1-1　简单描述 Node.js 的优缺点。

1-2　如何判断 Node.js 是否安装成功？

1-3　说说 CMD 控制台下的常见命令都有哪些。

第2章

JavaScript基础

本章要点

- 了解什么是JavaScript语言及JavaScript的应用
- 掌握JavaScript的数据类型
- 掌握JavaScript的流程控制
- 学会使用JavaScript函数

本章介绍 JavaScript 的核心语法，从最简单的内容讲起，循序渐进、由浅入深，力求清晰易懂。书中举出的代码实例，便于理解和模仿，可以在实际项目中即学即用。

2.1　JavaScript 概述

　　JavaScript 是一种轻量级的脚本语言。脚本语言（script language）指的是它不具备开发操作系统的能力，而是只用来编写控制其他大型应用程序（比如浏览器）的"脚本"。它不需要进行编译，而是直接嵌入 HTML 页面中，把静态页面转变成支持用户交互并响应相应事件的动态页面。

2.1.1　什么是 JavaScript 语言

　　JavaScript 也是一种嵌入式（embedded）语言。它本身提供的核心语法不多，只能用来做一些数学和逻辑运算。JavaScript 本身不提供任何与 I/O（输入/输出）相关的 API（Application Program Interface，应用程序接口），都要靠宿主环境（host）提供，所以 JavaScript 只适合嵌入更大型的应用程序环境，去调用宿主环境提供的底层 API。目前，已经嵌入 JavaScript 的宿主环境有多种，最常见的环境就是浏览器，另外还有服务器环境，也就是 Node 项目。

什么是 JavaScript
语言

　　JavaScript 的核心语法部分相当精简，只包括两个部分：基本的语法构造（比如操作符、控制结构、语句）和标准库（一系列具有各种功能的对象，比如 Array、Date、Math 对象等）。除此之外，各种宿主环境还提供额外的 API（即只能在该环境使用的接口），以便 JavaScript 调用。以浏览器为例，它提供的额外 API 可以分成以下三大类。

- ❑　浏览器控制类：操作浏览器。
- ❑　DOM 类：操作网页的各种元素。
- ❑　Web 类：实现互联网的各种功能。

　　如果宿主环境是服务器，则会提供各种操作系统的 API，比如文件操作 API、网络通信 API 等。这些都可以在 Node 环境中找到。

2.1.2　为什么学习 JavaScript 语言

　　JavaScript 语言有一些显著特点，使得它非常值得学习。它既适合作为学习编程的入门语言，也适合当作日常开发的工作语言。它是目前最有希望、前途最光明的计算机语言之一。它的特点如下。

为什么学习
JavaScript 语言

1.　操控浏览器的能力

　　发明 JavaScript 的目的，就是作为浏览器的内置脚本语言，为网页开发者提供操控浏览器的能力。它是目前唯一一种通用的浏览器脚本语言。它可以让网页呈现各种特殊效果，为用户提供良好的互动体验。

　　目前，全世界几乎所有网页都使用 JavaScript。如果不用，网站的易用性和使用效率将大打折扣，无法成为操作便利、对用户友好的网站。对于一个互联网开发者来说，如果想提供漂亮的网页、令用户满意的上网体验、各种基于浏览器的便捷功能、前后端之间紧密高效的联系，JavaScript 是必不可少的工具。

2.　易学性

　　相比其他语言，学习 JavaScript 有一些有利条件。只要有浏览器，就能运行 JavaScript 程序；只要有文本编辑器，就能编写 JavaScript 程序。这意味着，几乎所有计算机都原生提供 JavaScript 学习环境，不用另行安装复杂的集成开发环境（Integrated Development Environment，IDE）和编译器。

　　相比其他脚本语言（比如 Python 或 Ruby），JavaScript 的语法相对简单一些，它本身的语法特性并不多。而且，语法中的复杂部分也不是必须要学会。读者完全可以只用简单命令，完成大部分的操作。

3. 强大的性能

JavaScript 的所有值都是对象，这为程序员提供了灵活性和便利性。因为程序员可以很方便地按照需要随时创造数据结构，不用进行麻烦的预定义。JavaScript 的标准还在快速进化中，并不断合理化、添加更适用的语法特性。

JavaScript 语言本身虽然是一种解释型语言，但是在现代浏览器中，JavaScript 都是编译后运行。程序会被高度优化，运行效率接近二进制程序。而且，JavaScript 引擎正在快速发展，性能将越来越好。

此外，还有一种 WebAssembly 格式，它是 JavaScript 引擎的中间码格式，全部都是二进制代码。由于跳过了编译步骤，可以达到接近原生二进制代码的运行速度。各种语言（主要是 C 和 C++）通过编译成 WebAssembly，就可以在浏览器里面运行。

JavaScript 的应用

2.1.3　JavaScript 的应用

使用 JavaScript 脚本语言实现的动态页面在 Web 上随处可见。下面介绍几种 JavaScript 常见的应用。

1. 验证用户输入的内容

使用 JavaScript 脚本语言可以在客户端对用户输入的数据进行验证。例如在制作用户注册信息页面时，要求用户确认密码，以确定用户输入的密码是否准确。如果用户在"确认密码"文本框中输入的信息与"密码"文本框中输入的信息不同，将弹出相应的提示信息，如图 2-1 所示。

2. 动画效果

在浏览网页时，经常会看到一些动画效果，使页面更加生动。使用 JavaScript 脚本语言也可以实现动画效果，例如在页面中实现下雪的效果，如图 2-2 所示。

图 2-1　验证两次密码是否相同

图 2-2　动画效果

3. 窗口的应用

在打开网页时经常会看到一些浮动的广告窗口，这些广告窗口是某些网站的盈利手段之一。我们也可以通过 JavaScript 脚本语言来实现，例如，图 2-3 所示的广告窗口。

4. 文字特效

使用 JavaScript 脚本语言可以使文字实现多种特效，例如使文字旋转，如图 2-4 所示。

图2-3　窗口的应用

图2-4　文字特效

5. 明日学院应用的 jQuery 效果

在明日学院的"读书"栏目中，应用 jQuery 实现了滑动显示和隐藏子菜单的效果。当鼠标单击某个主菜单时，将滑动显示相应的子菜单，而其他子菜单将会滑动隐藏，如图 2-5 所示。

6. 京东网上商城应用的 jQuery 效果

在京东网上商城的话费充值页面，应用 jQuery 实现了标签页的效果，当鼠标单击"话费快充"选项卡时，标签页中将显示话费快充的相关内容，如图 2-6 所示，当鼠标单击其他选项卡时，标签页中将显示相应的内容。

图2-5　明日学院应用的 jQuery 效果

图2-6　京东网上商城应用的 jQuery 效果

7. 应用 Ajax 技术实现百度搜索提示

在百度首页的搜索文本框中输入要搜索的关键字时，下方会自动给出相关提示。如果给出的提示有符合要求的内容，可以直接选择，这样可以方便用户。例如，输入"明日科"后，在下面将显示图 2-7 所示的提示信息。

图 2-7　百度搜索提示页面

2.2　JavaScript 数据类型

JavaScript 的数据类型分为基本数据类型和复合数据类型。复合数据类型中的对象、数组和函数等，将在后面的章节进行介绍。本节将详细介绍 JavaScript 的基本数据类型。JavaScript 的基本数据类型有数值型、字符串型、布尔型以及两个特殊的数据类型。

2.2.1　数值型

数值型是 JavaScript 中最基本的数据类型。JavaScript 和其他程序设计语言（如 C 和 Java）的不同之处在于，它并不区分整型数值和浮点型数值。在 JavaScript 中，所有的数值都是由浮点型表示的。JavaScript 采用 IEEE754 标准定义的 64 位浮点格式表示数字，这意味着它能表示的最大值是 1.7976931348623157e+308，最小值是 5e-324。

当一个数字直接出现在 JavaScript 程序中时，我们称它为数值直接量。JavaScript 支持数值直接量的形式有几种，下面将对这几种形式进行详细介绍。

> 在任何数值直接量前加负号（-）可以构成它的负数。但是负号是一元求反运算符，它不是数值直接量语法的一部分。

1. 十进制

在 JavaScript 程序中，十进制的整数是一个由 0～9 组成的数字序列。例如：

```
0
6
-2
100
```

JavaScript 的数字格式允许精确地表示-900719925474092（-2^{53}）和 900719925474092（2^{53}）之间的所有整数［包括-900719925474092（-2^{53}）和 900719925474092（2^{53}）］。但是使用超过这个范围的整数，就会失去尾数的精确性。需要注意的是，JavaScript 中的某些整数运算是对 32 位的整数执行的，它们的范围是-2147483648（-2^{31}）到 2147483647（$2^{31}-1$）。

2. 八进制

尽管 ECMAScript 标准不支持八进制数据，但是 JavaScript 的某些实现却允许采用八进制（以 8 为基数）格式的整型数据。八进制数据以数字 0 开头，其后跟随一个数字序列，这个序列中的每个数字都在 0 和 7 之间（包括 0 和 7），例如：

```
07
0366
```

由于某些 JavaScript 实现支持八进制数据，而有些则不支持，所以最好不要使用以 0 开头的整型数据，因为不知道某个 JavaScript 的实现是将其解释为十进制，还是解释为八进制。

3. 十六进制

JavaScript 不但能够处理十进制的整型数据，还能识别十六进制（以 16 为基数）的数据。所谓十六进制数据，是以"0X"或"0x"开头，其后跟随十六进制的数字序列。十六进制的数字可以是 0 到 9 中的某个数字，也可以是 a（A）到 f（F）中的某个字母，它们用来表示 0~15 之间（包括 0 和 15）的某个值，下面是十六进制整型数据的例子：

```
0xff
0X123
0xCAFE911
```

下面介绍一个示例，网页中的颜色 RGB 代码是以十六进制数字表示的。例如，在颜色代码#6699FF 中，十六进制数字 66 表示红色部分的色值，十六进制数字 99 表示绿色部分的色值，十六进制数字 FF 表示蓝色部分的色值。在页面中分别输出 RGB 颜色#6699FF 的 3 种颜色的色值。代码如下：

```
<script type="text/javascript">
document.write("RGB颜色#6699FF的3种颜色的色值分别为: ");    //输出字符串
document.write("<p>R: "+0x66);                              //输出红色色值
document.write("<br>G: "+0x99);                             //输出绿色色值
document.write("<br>B: "+0xFF);                             //输出蓝色色值
</script>
```

执行上面的代码，运行结果如图 2-8 所示。

图 2-8　输出 RGB 颜色#6699FF 的 3 种颜色的色值

4. 浮点型数据

浮点型数据可以具有小数点，它的表示方法有以下两种。

（1）传统记数法

传统记数法是将一个浮点数分为整数部分、小数点和小数部分，如果整数部分为 0，可以省略整数部分。例如：

```
1.2
56.9963
.236
```

（2）科学记数法

科学记数法即实数后跟随字母 e 或 E，后面加上一个带正号或负号的整数指数，其中正号可以省略。例如：

```
6e+3
3.12e11
1.234E-12
```

在科学记数法中，e（或 E）后面的整数表示 10 的指数次幂，因此，这种记数法表示的数值等于前面的实数乘以 10 的指数次幂。

下面介绍一个示例，输出"3e+6""3.5e3""1.236E-2"这 3 种不同形式的科学记数法表示的浮点数，代码如下：

```
<script type="text/javascript">
document.write("科学记数法表示的浮点数的输出结果： ");    //输出字符串
document.write("<p>");                                //输出段落标记
document.write(3e+6);                                 //输出浮点数
document.write("<br>");                               //输出换行标记
document.write(3.5e3);                                //输出浮点数
document.write("<br>");                               //输出换行标记
document.write(1.236E-2);                             //输出浮点数
</script>
```

执行上面的代码，运行结果如图 2-9 所示。

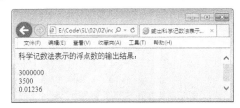

图 2-9　输出科学记数法表示的浮点数

5. 特殊值 Infinity

在 JavaScript 中有一个特殊的数值 Infinity（无穷大），如果一个数值超出了 JavaScript 所能表示的最大值的范围，JavaScript 就会输出 Infinity；如果一个数值超出了 JavaScript 所能表示的最小值的范围，JavaScript 就会输出-Infinity。例如：

```
document.write(1/0);          //输出1除以0的值
document.write("<br>");       //输出换行标记
document.write(-1/0);         //输出-1除以0的值
```

运行结果为：

```
Infinity
-Infinity
```

6. 特殊值 NaN

JavaScript 中还有一个特殊的数值 NaN（Not a Number 的简写），即"非数字"。在进行数学运算时产生了未知的结果或错误，JavaScript 就会返回 NaN，它表示该数学运算的结果是一个非数字。例如，用 0 除以 0 的输出结果就是 NaN，代码如下：

```
alert(0/0);                   //输出0除以0的值
```

运行结果为：

```
NaN
```

2.2.2　字符串型

字符串（string）是由 0 个或多个字符组成的序列，它可以包含大小写字母、数字、标点符号或其他字符，也可以包含汉字。它是 JavaScript 用来表示文本的数据类型。程序中的字符串型数据是包含在单引号或双引号中的，由单引号定界的字符串中可以含有双引号，由双引号定界的字符串中也可以含有单引号。

字符串型

空字符串不包含任何字符，也不包含任何空格，用一对引号表示，即""或''。

举例如下。

（1）单引号括起来的字符串，代码如下：

```
'你好JavaScript'
'mingrisoft@mingrisoft.com'
```

（2）双引号括起来的字符串，代码如下：

```
" "
"你好JavaScript"
```

（3）单引号定界的字符串中可以含有双引号，代码如下：

```
'abc"efg'
'你好"JavaScript"'
```

（4）双引号定界的字符串中可以含有单引号，代码如下：

```
"I'm legend"
"You can call me 'Tom'!"
```

包含字符串的引号必须匹配，如果字符串前面使用的是双引号，那么在字符串后面也必须使用双引号，反之都使用单引号。

有的时候，字符串中使用的引号会产生匹配混乱的问题。例如：

```
"字符串是包含在单引号'或双引号"中的"
```

对于这种情况，必须使用转义字符。JavaScript 中的转义字符是"\"，通过转义字符可以在字符串中添加不可显示的特殊字符，或者防止引号匹配混乱的问题。例如，字符串中的单引号可以使用"\'"来代替，双引号可以使用"\""来代替。因此，上面一行代码可以写成如下的形式：

```
"字符串是包含在单引号\'或双引号\"中的"
```

JavaScript 常用的转义字符如表 2-1 所示。

表 2-1 JavaScript 常用的转义字符

转义字符	描述	转义字符	描述
\b	退格	\v	垂直制表符
\n	换行符	\r	回车符
\t	水平制表符，Tab 空格	\\	反斜杠
\f	换页	\OOO	八进制整数，范围 000～777
\'	单引号	\xHH	十六进制整数，范围 00～FF
\"	双引号	\uhhhh	十六进制编码的 Unicode 字符

例如，在 alert 语句中使用转义字符"\n"的代码如下：

```
alert("网页设计基础：\nHTML\nCSS\nJavaScript");          //输出换行字符串
```

运行结果如图 2-10 所示。

由图 2-10 可知，转义字符"\n"在警告框中会产生换行，但是在"document.write()；"语句中使用转义字符时，只有将其放在格式化文本块中才会起作用，所以把脚本必须放在<pre>和</pre>的标签内。

例如，下面是应用转义字符使字符串换行，程序代码如下：

```
document.write("<pre>");                      //输出<pre>标记
document.write("轻松学习\nJavaScript语言！");    //输出换行字符串
document.write("</pre>");                      //输出</pre>标记
```

运行结果如图 2-11 所示。

图 2-10　换行输出字符串

图 2-11　换行输出字符串

如果上述代码不使用<pre>和</pre>的标签，则转义字符不起作用，代码如下：

```
document.write("轻松学习\nJavaScript语言！");            //输出字符串
```

运行结果为：

```
轻松学习 JavaScript语言！
```

> 【例 2-1】 在<pre>和</pre>的标签内使用转义字符，分别输出前 NBA 球星奥尼尔的中文名、英文名以及别名，关键代码如下：（实例位置：资源包\MR\源码\第 2 章\2-1）

```
<script type="text/javascript">
document.write('<pre>');                        //输出<pre>标记
document.write('中文名：沙奎尔·奥尼尔');          //输出奥尼尔中文名
document.write('\n英文名：Shaquille O\'Neal');   //输出奥尼尔英文名
document.write('\n别名：大鲨鱼');                 //输出奥尼尔别名
document.write('</pre>');                        //输出</pre>标记
</script>
```

实例运行结果如图 2-12 所示。

由上面的实例可以看出，在单引号定义的字符串内出现单引号，必须进行转义才能正确输出。

2.2.3 布尔值和特殊数据类型

1. 布尔值

数值数据类型和字符串数据类型的值都无穷多，但是布尔数据类型只有两个值，一个是 true（真），一个是 false（假），它说明了某个事物是真还是假。

布尔值和特殊
数据类型

图 2-12　输出奥尼尔的中文名、英文名和别名

布尔值通常在 JavaScript 程序中用来作为比较所得的结果。例如：

```
n==1
```

这行代码测试了变量 n 的值是否和数值 1 相等。如果相等，比较的结果就是布尔值 true，否则结果就是 false。

布尔值通常用于 JavaScript 的控制结构。例如，JavaScript 的 if...else 语句就是在布尔值为 true 时执行一个动作，而在布尔值为 false 时执行另一个动作。通常将一个创建布尔值与使用这个比较的语句结合在一起。例如：

```
if (n==1)                //如果n的值等于1
    m=m+1;               //m的值加1
else
    n=n+1;               //n的值加1
```

本段代码检测 n 是否等于 1。如果相等，就给 m 的值加 1，否则给 n 的值加 1。

有时候可以把两个可能的布尔值看作是 "on（true）" 和 "off（false）"，或者看作是 "yes（true）" 和 "no（false）"，这样比将它们看作是 "true" 和 "false" 更为直观。有时候把它们看作是 1（true）和 0（false）会更加有用（实际上 JavaScript 确实是这样做的，在必要时会将 true 转换成 1，将 false 转换成 0）。

2. 特殊数据类型

（1）未定义值

未定义值就是 undefined，表示变量还没有被赋值（如 var a;）。

（2）空值（null）

JavaScript 中的关键字 null 是一个特殊的值，它表示为空值，用于定义空的或不存在的引用。这里必须要注意的是：null 不等同于空的字符串（""）或 0。当使用对象进行编程时可能会用到这个值。

由此可见，null 与 undefined 的区别是，null 表示一个变量被赋予了一个空值，而 undefined 则表示该变量尚未被赋值。

2.3 JavaScript 基本语句

JavaScript 中有很多种语句，通过这些语句可以控制程序代码的执行顺序，从而完成比较复杂的程序操作。JavaScript 基本语句主要包括条件判断语句、循环语句、跳转语句和异常处理语句等。接下来，将对 JavaScript 中的几种基本语句进行详细讲解。

2.3.1 条件判断语句

条件判断语句

在日常生活中，人们可能会根据不同的条件做出不同的选择。例如，根据路标选择走哪条路，根据第二天的天气情况选择做什么事情。在编写程序的过程中也经常会遇到这样的情况，这时就需要使用条件判断语句。条件判断语句就是对语句中不同条件的值进行判断，进而根据不同的条件执行不同的语句。

1. 简单 if 语句

在实际应用中，if 语句有多种表现形式。简单 if 语句的语法格式如下：

```
if(表达式){
    语句
}
```

参数说明如下。

❑ 表达式：必选项，用于指定条件表达式，可以使用逻辑运算符。

❑ 语句：用于指定要执行的语句序列，可以是一条或多条语句。当表达式的值为 true 时，执行该语句序列。

简单 if 语句的执行流程如图 2-13 所示。

在简单 if 语句中，首先对表达式的值进行判断，如果它的值是 true，则执行相应的语句，否则就不执行。

例如，通过比较两个变量的值，判断是否输出比较结果。代码如下：

图 2-13 简单 if 语句的执行流程

```
var a=200;              //定义变量a，值为200
var b=100;              //定义变量b，值为100
if(a>b){                //判断变量a的值是否大于变量b的值
    document.write("a大于b");   //输出a大于b
```

```
}
if(a<b){                                  //判断变量a的值是否小于变量b的值
    document.write("a小于b");             //输出a小于b
}
```

运行结果为：

a大于b

 当要执行的语句为单一语句时，其两边的大括号可以省略。

例如，下面的这段代码和上面代码的执行结果是一样的，都可以输出"a 大于 b"。

```
var a=200;                                //定义变量a，值为200
var b=100;                                //定义变量b，值为100
if(a>b)                                   //判断变量a的值是否大于变量b的值
    document.write("a大于b");             //输出a大于b
if(a<b)                                   //判断变量a的值是否小于变量b的值
    document.write("a小于b");             //输出a小于b
```

下面介绍一个示例，将 3 个数字 10、20、30 分别定义在变量中，应用简单 if 语句获取这 3 个数中的最大值。代码如下：

```
<script type="text/javascript">
var a,b,c,maxValue;                       //声明变量
a=10;                                     //为变量赋值
b=20;                                     //为变量赋值
c=30;                                     //为变量赋值
maxValue=a;                               //假设a的值最大，定义a为最大值
if(maxValue<b){                           //如果最大值小于b
    maxValue=b;                           //定义b为最大值
}
if(maxValue<c){                           //如果最大值小于c
    maxValue=c;                           //定义c为最大值
}
alert(a+"、"+b+"、"+c+"三个数的最大值为"+maxValue);    //输出结果
</script>
```

运行结果如图 2-14 所示。

2．if…else 语句

if…else 语句是 if 语句的标准形式，在 if 语句简单形式的基础之上增加一个 else 从句，当表达式的值是 false 时则执行 else 从句中的内容。

语法格式为：

```
if(表达式){
    语句1
}else{
    语句2
}
```

参数说明如下。

❑　表达式：必选项，用于指定条件表达式，可以使用逻辑运算符。

❑　语句 1：用于指定要执行的语句序列。当表达式的值为 true 时，执行该语句序列。

❑ 语句 2：用于指定要执行的语句序列。当表达式的值为 false 时，执行该语句序列。

if...else 语句的执行流程如图 2-15 所示。

图 2-14　获取 3 个数的最大值

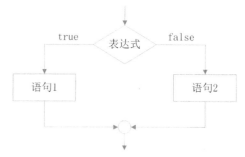

图 2-15　if...else 语句的执行流程

在 if...else 语句的标准形式中，首先对表达式的值进行判断，如果它的值是 true，则执行语句 1 中的内容，否则执行语句 2 中的内容。

例如，通过比较两个变量的值，输出比较的结果。代码如下：

```
var a=100;                              //定义变量a，值为100
var b=200;                              //定义变量b，值为200
if(a>b){                                //判断变量a的值是否大于变量b的值
    document.write("a大于b");            //输出a大于b
}else{
    document.write("a小于b");            //输出a小于b
}
```

运行结果为：

a小于b

上述 if...else 语句是典型的二路分支结构。当语句 1、语句 2 为单一语句时，其两边的大括号也可以省略。

例如，上面代码中的大括号也可以省略，程序的执行结果是不变的，代码如下：

```
var a=100;                              //定义变量a，值为100
var b=200;                              //定义变量b，值为200
if(a>b)                                 //判断变量a的值是否大于变量b的值
    document.write("a大于b");            //输出a大于b
else
    document.write("a小于b");            //输出a小于b
```

【例 2-2】 如果某一年是闰年，那么这一年的 2 月就有 29 天，否则这一年的 2 月就有 28 天。应用 if...else 语句判断 2010 年 2 月的天数。代码如下：（实例位置：资源包\MR\源码\第 2 章\2-2）

```
<script type="text/javascript">
var year=2010;                          //定义变量
var month=0;                            //定义变量
if((year%4==0 && year%100!=0)||year%400==0){ //判断指定年是否为闰年
    month=29;                           //为变量赋值
}else{
```

```
        month=28;                           //为变量赋值
}
alert("2010年2月的天数为"+month+"天");       //输出结果
</script>
```

运行结果如图 2-16 所示。

图 2-16 输出 2010 年 2 月的天数

3. if...else if 语句

if 语句是一种使用很灵活的语句，除了可以使用 if...else 语句的形式，还可以使用 if...else if 语句的形式。这种形式可以进行更多的条件判断，不同的条件对应不同的语句。if...else if 语句的语法格式如下：

```
if (表达式1){
      语句1
}else if(表达式2){
      语句2
}
...
else if(表达式n){
      语句n
}else{
      语句n+1
}
```

if...else if 语句的执行流程如图 2-17 所示。

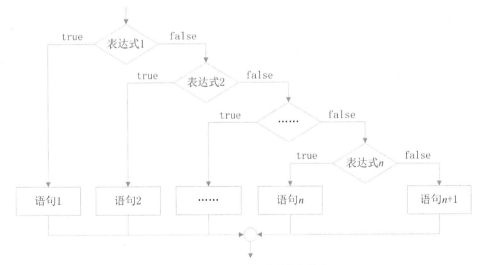

图 2-17 if...else if 语句的执行流程

【例 2-3】 将某学校的学生成绩转化为不同等级，划分标准如下：

① "优秀"，大于等于 90 分；

② "良好"，大于等于 75 分；

③ "及格"，大于等于 60 分；

④ "不及格"，小于 60 分。

假设周星星同学的考试成绩是 85 分，输出该成绩对应的等级。其关键代码如下：（实例位置：资源包\MR\源码\第 2 章\2-3）

```
<script type="text/javascript">
var grade = "";                      //定义表示等级的变量
var score = 85;                      //定义表示分数的变量score值为85
if(score>=90){                       //如果分数大于等于90
    grade = "优秀";                  //将"优秀"赋值给变量grade
}else if(score>=75){                 //如果分数大于等于75
    grade = "良好";                  //将"良好"赋值给变量grade
}else if(score>=60){                 //如果分数大于等于60
    grade = "及格";                  //将"及格"赋值给变量grade
}else{                               //如果score的值不符合上述条件
    grade = "不及格";               //将"不及格"赋值给变量grade
}
alert("周星星的考试成绩"+grade);     //输出考试成绩对应的等级
</script>
```

运行结果如图 2-18 所示。

图 2-18　输出考试成绩对应的等级

2.3.2　循环语句

在日常生活中，有时需要反复地执行某些操作。例如，运动员要完成 10000m 的比赛，需要在跑道上跑 25 圈，这就是循环的一个过程。类似这样反复执行同一操作的情况，在程序设计中经常会遇到，为了满足这样的开发需求，JavaScript 提供了循环语句。循环语句就是在满足条件的情况下反复地执行某一个操作。循环语句主要包括 for 语句和 while 语句，下面分别进行讲解。

循环语句

1. for 语句

for 语句也称为计次循环语句，一般用于循环次数已知的情况，在 JavaScript 中应用比较广泛。for 语句的语法格式如下：

```
for(初始化表达式;条件表达式;迭代表达式){
    语句
}
```

参数说明如下。

❑　初始化表达式：初始化语句，用来对循环变量进行初始化赋值。

❑ 条件表达式：循环条件，一个包含比较运算符的表达式，用来限定循环变量的边限。如果循环变量超过了该边限，则停止该循环语句的执行。

❑ 迭代表达式：用来改变循环变量的值，从而控制循环的次数，通常是对循环变量进行增大或减小的操作。

❑ 语句：用来指定循环体，在循环条件的结果为 true 时，重复执行。

for 语句执行的过程是先执行初始化语句，然后判断循环条件，如果循环条件的结果为 true，则执行一次循环体，否则直接退出循环，最后执行迭代语句，改变循环变量的值，至此完成一次循环；接下来进行下一次循环，直到循环条件的结果为 false，才结束循环。

for 语句的执行流程如图 2-19 所示。

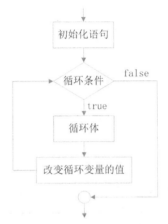

图 2-19 for 语句的执行流程

例如，应用 for 语句输出 1～10 这 10 个数字的代码如下：

```
for(var i=1;i<=10;i++){                          //定义for语句
    document.write(i+"\n");                      //输出变量i的值
}
```

运行结果为：

```
1 2 3 4 5 6 7 8 9 10
```

在 for 循环语句的初始化表达式中可以定义多个变量。例如，在 for 语句中定义多个循环变量的代码如下：

```
for(var i=1,j=6;i<=6,j>=1;i++,j--){              //输出变量i和j的值
    document.write(i+"\n"+j);                     //输出变量i和j的值
    document.write("<br>");                       //输出换行标记
}
```

运行结果为：

```
1 6
2 5
3 4
4 3
5 2
6 1
```

为使读者更好地了解 for 语句的使用，下面通过一个实例来介绍 for 语句的使用方法。

> **【例 2-4】** 应用 for 循环语句计算 100 以内所有奇数的和，并在页面中输出计算后的结果。代码如下：
> （实例位置：资源包\MR\源码\第 2 章\2-4）

```
<script type="text/javascript">
var i,sum;                              //声明变量
sum = 0;                                //对变量初始化
for(i=1;i<100;i+=2){
    sum=sum+i;                          //计算100以内各奇数之和
}
alert("100以内所有奇数的和为: "+sum);   //输出计算结果
</script>
```

运行程序，在对话框中会显示计算结果，如图 2-20 所示。

2. while 语句

while 语句也称为前测试循环语句，它是利用一个条件来控制是否要继续重复执行这个语句。while 语句的语法格式如下：

```
while(表达式){
    语句
}
```

参数说明如下。

- ❏ 表达式：一个包含比较运算符的条件表达式，用来指定循环条件。
- ❏ 语句：用来指定循环体，在循环条件的结果为 true 时，重复执行。

while 语句之所以命名为前测试循环，是因为它要先判断此循环的条件是否成立，然后才进行重复执行的操作。也就是说，while 语句执行的过程是先判断条件表达式，如果条件表达式的值为 true，则执行循环体，并且在循环体执行完毕后，进入下一次循环，否则退出循环。

while 语句的执行流程如图 2-21 所示。

图 2-20　输出 100 以内所有奇数的和

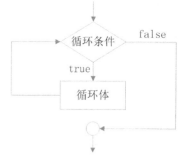

图 2-21　while 语句的执行流程

例如，应用 while 语句输出 1~10 这 10 个数字的代码如下：

```
var i = 1;                          //声明变量
while(i<=10){                       //定义while语句
    document.write(i+"\n");         //输出变量i的值
    i++;                            //变量i自加1
}
```

运行结果为：

```
1 2 3 4 5 6 7 8 9 10
```

 在使用 while 语句时，一定要保证循环可以正常结束，即必须保证条件表达式的值存在为 false 的情况，否则将形成死循环。

下面介绍一个示例，运动员参加 5000 米比赛，已知标准的体育场跑道一圈是 400 米，应用 while 语句计算出在标准的体育场跑道上完成比赛需要跑完整的多少圈。代码如下：

```
<script type="text/javascript">
var distance=400;                           //定义表示距离的变量
var count=0;                                 //定义表示圈数的变量
while(distance<=5000){
    count++;                                 //圈数加1
    distance=(count+1)*400;                  //每跑一圈就重新计算距离
}
document.write("5000米比赛需要跑完整的"+count+"圈"); //输出最后的圈数
</script>
```

运行本实例，结果如图 2-22 所示。

图 2-22　输出 5000 米比赛的完整圈数

2.4　JavaScript 函数

函数实质上就是可以作为一个逻辑单元对待的一组 JavaScript 代码。使用函数可以使代码更为简洁，提高重用性。在 JavaScript 中，大约 95%的代码都是包含在函数中的。本节将对 JavaScript 中函数的使用进行简单讲解。

2.4.1　函数的定义

在 JavaScript 中，函数的定义是由关键字 function、函数名加一组参数以及置于大括号中需要执行的一段代码定义的。定义函数的基本语法如下：

函数的定义

```
function functionName([parameter 1, parameter 2,......]){
  statements;
  [return expression;]
}
```

参数说明如下。

❑ functionName：必选，用于指定函数名。在同一个页面中，函数名必须是唯一的，并且区分大小写。

❑ parameter：可选，用于指定参数列表。当使用多个参数时，参数间使用逗号进行分隔。一个函数最多可以有 255 个参数。

- statements：必选，是函数体，用于实现函数功能的语句。
- expression：可选，用于返回函数值。expression 为任意的表达式、变量或常量。

例如，定义一个用于计算商品金额的函数 account()，该函数有两个参数，用于指定单价和数量，返回值为计算后的金额。具体代码如下：

```
function account(price,number){
 var sum=price*number;          //计算金额
 return sum;                     //返回计算后的金额
}
```

2.4.2　函数的调用

函数的调用

函数定义后并不会自动执行，要执行一个函数需要在特定的位置调用函数，调用函数需要创建调用语句，调用语句包含函数名称、参数具体值。

1. 函数的简单调用

函数的定义语句通常被放在 HTML 文件的<head>段中，而函数的调用语句通常被放在<body>段中，如果在函数定义之前调用函数，执行将会出错。

函数的定义及调用语法如下：

```
<html>
<head>
<script type="text/javascript">
function functionName(parameters){      //定义函数
 some statements;
}
</script>
</head>
<body>
 functionName(parameters);              //调用函数
</body>
</html>
```

参数说明如下。

- functionName：函数的名称。
- parameters：参数名称。

函数的参数分为形式参数（简称"形参"）和实际参数（简称"实参"），其中形式参数为函数赋予的参数，它代表函数的位置和类型，系统并不为形参分配相应的存储空间。调用函数时传递给函数的参数称为实际参数，实参通常在调用函数之前已经被分配了内存，并且赋予了实际的数据，在函数的执行过程中，实际参数参与了函数的运行。

2. 在事件响应中调用函数

当用户单击某个按钮或某个复选框时都将触发事件，通过编写程序对事件做出反应的行为称为响应事件，在 JavaScript 语言中，将函数与事件相关联就完成了响应事件的过程。比如当用户单击某个按钮时执行相应的函数。

可以使用如下代码实现以上的功能。

```
<script language="javascript">
function test(){                                      //定义函数
 alert("test");
```

```
}
</script>
</head>
<body>
<form action="" method="post" name="form1">
<input type="button" value="提交" onClick="test();">    //在按钮事件触发时调用自定义函数
</form>
</body>
```

在上述代码中可以看出，首先定义一个名为 test()的函数，函数体比较简单，使用 alert()语句返回一个字符串，最后在按钮 onClick 事件中调用 test()函数。当用户单击提交按钮后将弹出相应对话框。

3. 通过链接调用函数

函数除了可以在响应事件中被调用之外，还可以在链接中被调用，在<a>标签中的 href 标记中使用"javascript:关键字"格式来调用函数，当用户单击这个链接时，相关函数将被执行，下面的代码实现了通过链接调用函数。

```
<script language="javascript">
function test(){                                //定义函数
 alert("我喜欢JavaScript");
}
</script>
</head>
<body>
<a href="javascript:test();">test</a>                //在链接中调用自定义函数
</body>
```

4. 函数参数的使用

在 JavaScript 中定义函数的完整格式如下：

```
function 自定义函数名（形参1，形参2，……）
{
 函数体
}
</script>
```

定义函数时，在函数名后面的圆括号内可以指定一个或多个参数（参数之间用逗号","分隔）。指定参数的作用在于，当调用函数时，可以为被调用的函数传递一个或多个值。

如果定义的函数有参数，那么调用该函数的语法格式如下：

函数名（实参1，实参2，……）

通常，在定义函数时使用了多少个形参，在函数调用时也必须给出多少个实参（这里需要注意的是，实参之间也必须用逗号","分隔）。

5. 使用函数的返回值

有时需要在函数中返回一个数值在其他函数中使用，为了能够返回给变量一个值，可以在函数中添加 return 语句，将需要返回的值赋予变量，最后将此变量返回。

语法格式为：

```
<script type="text/javascript">
function functionName(parameters){
 var results=somestaments;
 return results;
}
</script>
```

参数说明如下。

❑ results：函数中的局部变量。

❑ return：函数中返回变量的关键字。

> 返回值在调用函数时不是必须定义的。

【例2-5】 在51购物商城的商品详情页面中，单击"加入购物车"按钮，将会调用相关的JavaScript函数，效果如图2-23所示。（实例位置：光盘\MR\源码\第2章\2-5）

图2-23 商品详情页面调用 JavaScript 函数

（1）创建一个 HTML 页面，引入 mr-basic.css、mr-demo.css、mr-optstyle 和 mr-infoStyle.css 文件，搭建页面的布局和样式。"加入购物车"按钮使用\<a\>标签进行显示。关键代码如下：

```
<div class="pay">
        <div class="pay-opt">
                <a href="index.html"><span class="mr-icon-home mr-icon-fw">
首页</span></a>
                <a><span class="mr-icon-heart mr-icon-fw">收藏</span></a>
        </div>
        <li>
                <div class="clearfix tb-btn tb-btn-buy theme-login">
                        <a id="LikBuy" title="点此按钮到下一步确认购买信息"
 href="javascript:void(0)" onclick="mr_function();">立即购买</a>
                </div>
        </li>
        <li>
                <div class="clearfix tb-btn tb-btn-basket theme-login">
```

```
                            <a id="LikBasket" title="加入购物车"
    href="javascript:void(0)" onclick="mr_function();"><i></i>加入购物车</a>
                                </div>
                        </li>
        </div>
```

（2）在 HTML 页面中，通过<script></script>标签，编写 JavaScript 逻辑代码。当单击"加入购物车"按钮时，通过 onclick 属性，会触发 JavaScript 中的 mr_function() 函数。关键代码如下：

```
<script>
    function mr_function(){
        alert('触发了一个函数！');
    }
</script>
```

小 结

本章主要针对 JavaScript 语言的基本语法进行讲解，包括数据结构、数据类型、运算符与表达式、流程控制语句、函数等。其中，流程控制语句和函数在实际开发中经常会用到，需要认真学习并做到灵活运用。

上机指导

编写一个将数字字符串格式化为指定长度的 JavaScript 函数，如图 2-24 所示。

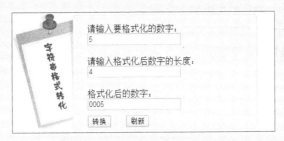

图 2-24 上机指导的界面效果

程序开发步骤如下。

（1）编写将数字字符串格式化为指定长度的 JavaScript 自定义函数 formatNO()，该函数有两个参数，分别是 str（要格式化的数字）和 len（格式化后数字的长度），返回值为格式化后的数字。代码如下：

```
<script language="javascript">
function formatNO(str,len){
    var strLen=str.length;
    for(i=0;i<len-strLen;i++){
        str="0"+str;
    }
    return str;
}
</script>
```

（2）编写 JavaScript 自定义函数 deal()，用于在验证用户输入信息后，调用 formatNO() 函数将指定数字格式化为指定长度。具体代码如下：

```javascript
<script language="javascript">
function deal(){
if(form1.str.value=="")
{alert("请输入要格式化的数字! ");form1.str.focus();return false;}
if(isNaN(form1.str.value)){
    alert("您输入的数字不正确!");form1.str.focus();return false;
}
if(form1.le.value=="")
{alert("请输入格式化后的长度! ");form1.le.focus();return false;}
if(isNaN(form1.le.value)){
    alert("您输入的格式化的长度不正确!");form1.le.focus();return false;
}
form1.lastStr.value=formatNO(form1.str.value,form1.le.value);
}
</script>
```

（3）在页面的合适位置添加"转换"按钮，在该按钮的 onClick 事件中调用 deal() 函数将指定的数字格式化为指定长度，代码如下：

```html
<input name="Submit" type="button" class="btn_grey" onClick="deal();" value="转换">
```

习 题

2-1　JavaScript 的应用都有哪些？

2-2　JavaScript 中主要有哪几种基本数据类型？

2-3　常见的循环控制语句有哪几种？

2-4　函数的定义是什么？

PART 03

第3章

Node.js基础入门

本章要点

■ 了解Node.js提供的全局对象和全局变量

■ 掌握Node.js模块化编程的方法

■ 学会使用Node.js提供的基本内置模块

■ 学会使用Node.js处理文件

学习完 JavaScript 的基本语法后，本章我们开始学习 Node.js 的基础知识。首先了解 Node.js 中的全局对象是什么么，然后学习使用 Node.js 模块化编程的方法，最后学习使用 Node.js 提供的基本内置模块。

3.1 Node.js 全局对象

JavaScript 中有一个特殊的对象，称为全局对象（Global Object），它及其所有属性都可以在程序的任何地方访问，即全局变量。接下来，我们来考察一下 Node.js 中的全局变量和全局对象。

3.1.1 全局变量

首先考察一下 Node.js 中的全局变量：__filename 和__dirname。

1. __filename 全局变量

__filename 表示当前正在执行的脚本的文件名。它将输出文件所在位置的绝对路径，且和命令行参数所指定的文件名不一定相同。如果在模块中，返回的值是模块文件的路径。

2. __dirname 全局变量

__dirname 表示当前执行脚本所在的目录。

接下来，我们通过一个简单实例，演示一下这两个全局变量的含义。具体操作如下。

（1）创建目录 C:\Demo\C3，这个目录用于放置第 3 章学习中的代码文件。

（2）打开 WebStorm 编辑器，创建 3-1.js 文件，编写如下代码：

```
console.log('当前文件名：',__filename);
console.log('当前文件夹：',__dirname);
```

（3）打开 CMD 控制台，进入 3-1.js 的文件夹中，输入 "node 3-1.js"，就可以看到图 3-1 所示的执行结果。

图 3-1　Node.js 中的全局变量

3.1.2 全局对象

除了全局变量外，Node.js 中还有全局对象。全局对象可以在程序的任何地方进行访问，它可以为程序提供经常使用的特定功能。Node.js 中的全局对象如表 3-1 所示。

表 3-1　Node.js 中的全局对象

对象名称	说明
console	用于提供控制台标准输出
process	用于描述当前程序状态
exports	是 Node.js 模块系统中公开的接口

接下来，首先来学习 console 对象和 process 对象的常见方法，exports 对象则在下一节"模块化编程"中详细讲解。

1. console 对象

在前面的案例中我们已经体验过，console 对象用于提供控制台的标准输出。下面，主要介绍 console 对象的 3 个常用方法，如表 3-2 所示。

表 3-2 console 对象的常见方法

方法名称	方法说明
log()	向标准输出流打印字符并以换行符结束。该方法接收若干个参数，如果只有一个参数，则输出这个参数的字符串形式。如果有多个参数，则以类似于 C 语言 printf() 命令的格式输出
time()	输出时间，表示计时开始
timeEnd()	结束时间，表示计时结束

（1）console.log() 方法

在 console.log() 方法中，可以使用转义符号，将变量输出（如数字变量、字符串变量和 JSON 变量）。具体的转义符号如表 3-3 所示。

表 3-3 console.log() 方法中的转义符号

转义符号	转义说明
%d	输出数字变量
%s	输出字符串变量
%j	输出 JSON 变量

表 3-3 中的转义符号，一开始可能无法熟练使用，这里以"%d"为例，学习如何使用 console.log() 方法中的转义字符。具体代码如下：

```
console.log('变量的值是：%d',10);
```

上述代码中，在 console.log() 方法里添加了两个参数。第一个参数是字符串"变量的值是：%d"，第二个参数是数字 10。其中，"%d"是转义字符，会寻找后面位置的数字。因为第二个参数 10 紧紧跟在后面，所以输出结果如图 3-2 所示。

图 3-2 单个转义字符的使用

在上述代码中，使用了 Node.js 中的 REPL（Read Eval Print Loop，交互式解释器）。它表示一个计算机的环境，类似 Windows 系统的终端，我们可以在终端输入命令，并接收系统的响应。打开 REPL 非常简单，只需要在 CMD 控制台中输入 node 命令即可。

下面再来看使用多个转义字符的例子，具体代码如下：

```
console.log('%d+%d=%d',273,52,273+52);
console.log('%d+%d=%d',273,52,273+52,52273);
console.log('%d+%d=%d & %d',273,52,273+52);
```

使用 Node.js 中的 REPL，执行结果如图 3-3 所示。

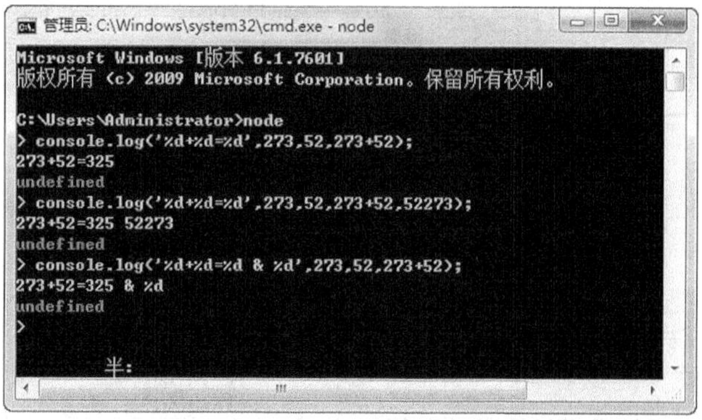

图 3-3　多个转义字符的使用

观察代码可以发现，第 1 行代码中，转义字符的个数是 3 个，后面的数字变量的个数也是 3 个，所以输出结果是"273+52=325"；第 2 行代码中，转义字符的个数是 3 个，但是后面数字变量的个数是 4 个，观察输出结果"273+52=325 52273"，说明多余剩下的数字变量 52273 原样输出；第 3 行代码中，转义字符的个数是 4 个，但是后面数字变量的个数是 3 个，观察输出结果"273+52=325　& %d"，说明多余的转义字符没有找到匹配的数字变量，只能原样输出。

最后，考察一下其他转义字符的用法。具体代码如下：

```
console.log('%d+%d=%d',273,52,273+52);
console.log('字符串 %s','hello world','和顺序无关');
console.log('JSON %j',{name:'Node.js'});
```

使用 Node.js 中的 REPL，执行结果如图 3-4 所示。

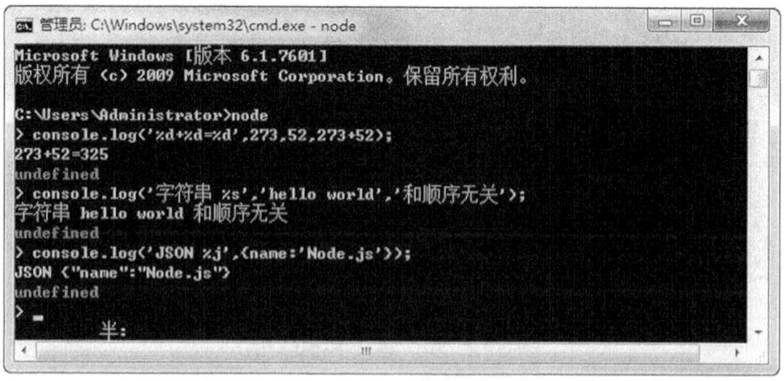

图 3-4　其他转义字符的使用

（2）console.time()方法和 console.timeEnd()方法

除了 console.log()方法外，console 对象还有输出程序执行时间的 console.time()方法和 console.timeEnd()方法。接下来，通过一个实例演示一下如何使用这两个方法。具体操作如下。

① 打开 WebStorm 编辑器，创建 3-2.js 文件，编写代码如下：

```javascript
// 计时开始
console.time('时间');
var output = 1;
for (var i = 1; i <= 10; i++) {
    output *= i;
}
console.log('Result:', output);
// 计时结束.
console.timeEnd('时间');
```

② 将 3-2.js 文件放到 C:\Demo\C3 目录中。

③ 打开 CMD 控制台，进入 3-2.js 的文件夹中，输入"node 3-2.js"，就可以看到图 3-5 所示的执行结果。

图 3-5　console 对象输出程序执行时间

2. process 对象

process 对象用于描述当前程序的状态。与 console 对象不同的是，process 对象只是在 node.js 中存在的对象，在 JavaScript 中并不存在这个对象。接下来，我们来学习 process 对象中最基本的属性（见表 3-4）和方法（见表 3-5）。

表 3-4　process 对象中的基本属性

属性名称	说明
argv	返回一个数组，由命令行执行脚本时的各个参数组成
env	返回当前系统的环境变量
version	返回当前 node.js 的版本，如 v0.10.18
versions	返回当前 node.js 的版本号以及依赖包
arch	返回当前 CPU 的架构，如 "arm" 或 "x64" 等
platform	返回当前运行程序所在的平台系统，如 "win32" "linux" 等

表 3-5　process 对象中的基本方法

方法名称	说明
exit([code])	使用指定的 code 结束进程，如果忽略，将会使用 code0
memoryUsage()	返回一个对象，描述了 Node 进程所用的内存状况，单位为字节
uptime()	返回 Node 已经运行的秒数

我们首先学习 argv 属性和 exit() 方法。

> 【例 3-1】 关于 agrv 属性的说明比较抽象，通过本实例可直观感受 argv 属性和 exit() 方法的含义。具体操作步骤如下。（实例位置：资源包\MR\源码\第 3 章\3-1）

（1）打开 WebStorm 编辑器，创建 process.js 文件，编写代码如下：

```javascript
process.argv.forEach(function (item, index) {
    // 输出内容
    console.log(index + ' : ' + typeof (item) + ' : ', item);
    // 当返回的参数值等于 "--exit" 时
    if (item == '--exit') {
        // 获得下一个数组中的参数
        var exitTime = Number(process.argv[index + 1]);
        // 经过exitTime时间后，结束程序
        setTimeout(function () {
            process.exit();
        }, exitTime);
    }
});
```

（2）将 process.js 文件放到 C:\Demo\C3 目录中。

（3）打开 CMD 控制台，进入 C:\Demo\C3 目录中，输入 "node process.js --exit 10000"，就可以看到图 3-6 所示的执行结果。

图 3-6　process 对象中 argv 属性的示例

> 在上述代码中，--exit 10000 中的 10000，表示程序执行 10 秒后结束。通过代码，就可以非常直观地感受 process.argv 属性中返回的数组都有哪些值。

接下来，再来考察 process 对象中其他的属性和方法。具体操作步骤如下。

（1）打开 WebStorm 编辑器，创建 3-3.js 文件，编写代码如下：

```
console.log('- process.env:', process.env);
console.log('- process.version:', process.version);
console.log('- process.versions:', process.versions);
console.log('- process.arch:', process.arch);
console.log('- process.platform:', process.platform);
console.log('- process.connected:', process.connected);
console.log('- process.execArgv:', process.execArgv);
console.log('- process.exitCode:', process.exitCode);
console.log('- process.mainModule:', process.mainModule);
console.log('- process.release:', process.release);
console.log('- process.memoryUsage():', process.memoryUsage());
console.log('- process.uptime():', process.uptime());
```

在上述代码中，通过调用 process 对象的 env、version、versions 等属性，输出了当前操作系统的相关信息等。

（2）将 3-3.js 文件放到 C:\Demo\C3 目录中。

（3）打开 CMD 控制台，进入 3-3.js 的文件夹中，输入 "node 3-3.js"，就可以看到图 3-7 所示的执行结果。

图 3-7　process 对象的其他属性和方法

3.1.3　全局函数

全局函数，顾名思义，是指可以在程序的任何地方调用的函数。Node.js 中的全局函数如表 3-6 所示。

全局函数

表 3-6　Node.js 中的全局函数

函数名称	说明
setTimeout（cb，ms）	在指定的毫秒（ms）数后执行指定函数（cb）。指定时间后，只执行一次
clearTimeout（t）	停止一个之前调用 setTimeout() 创建的定时器
setInterval（cb，ms）	在指定的毫秒（ms）数后执行指定函数（cb）。指定时间后，周期循环执行

这里主要为大家演示如何使用 setTimeout(cb，ms)函数和 clearTimeout(t)函数。具体操作如下。

（1）首先，打开 WebStorm 编辑器，创建 3-4.js 文件，编写代码如下：

```
function printHello(){
    console.log( "Hello, World!");
}
// 两秒后执行以上函数
var t = setTimeout(printHello, 2000);
// 清除定时器
clearTimeout(t);
```

 如果在上述代码中，将 clearTimeout(t)方法注释掉的话，将会打印出"Hello World"的结果。

（2）将 3-4.js 文件放到 C:\Demo\C3 目录中。

（3）打开 CMD 控制台，进入 3-4.js 的文件夹中，输入"node 3-4.js"，就可以看到图 3-8 所示的执行结果。

图 3-8　setTimeout(cb，ms)函数和 clearTimeout(t)函数

3.2　模块化编程

在 Node.js 中，主要使用模块系统进行应用编程。模块是指为了更加方便地调用功能，预先将相关方法和属性聚在一起的集合体。模块和文件是一一对应的，换言之，一个 Node.js 文件就是一个模块，这个文件可能是 JavaScript 代码、JSON 或者编译过的 C/C++扩展。

3.2.1　exports 对象

如果想创建一个模块，需要创建一个 JavaScript 文件，如图 3-9 所示。module.js 文件是创建的模块，在 main.js 文件中，则是编写的调用 module.js 模块内容的代码。

exports 对象

module.js　　　main.js

图 3-9　模块与 JavaScript 文件

那么想创建一个模块，则需要使用 exports 对象。

【例 3-2】 通过求圆周长，学习如何使用 exports 对象进行模块化的编程。具体操作步骤如下。（实例位置：资源包\MR\源码\第 3 章\3-2）

（1）打开 WebStorm 编辑器，创建 module.js 文件，编写代码如下：

```javascript
// 求绝对值的方法abs
exports.abs = function (number) {
    if (0 < number) {
        return number;
    } else {
        return -number;
    }
};
// 求圆周长的方法circleArea
exports.circleArea = function (radius) {
    return radius * radius * Math.PI;
};
```

（2）继续使用 WebStorm 编辑器，创建 main.js 文件，编写代码如下：

```javascript
// 加载module.js模块文件
var module = require('./module.js');
// 使用模块方法
console.log('abs(-273) = %d', module.abs(-273));
console.log('circleArea(3) = %d', module.circleArea(3));
```

在上述代码中，通过使用 requirt() 函数，引用 module.js 模块文件。

（3）将 module.js 文件和 main.js 文件放到 C:\Demo\C3 目录中。

（4）打开 CMD 控制台，进入 C:\Demo\C3 目录中，输入 "node main.js"，就可以看到图 3-10 所示的执行结果。

图 3-10　使用 exports 对象求圆周长

3.2.2　module 对象

在 Node.js 中，除了使用 exports 对象进行模块化编程外，还可以使用 module 对象进行模块化编程。具体操作如下。

（1）打开 WebStorm 编辑器，创建 module.js 文件，编写代码如下：

module 对象

```
function Hello() {
    var name;
    this.setName = function(thyName) {
        name = thyName;
    };
    this.sayHello = function() {
        console.log('Hello ' + name);
    };
};
module.exports = Hello;
```

（2）继续使用 WebStorm 编辑器，创建 main.js 文件，编写代码如下：

```
var Hello = require('./module.js');
hello = new Hello();
hello.setName('BYVoid');
hello.sayHello();
```

（3）将 module.js 文件和 main.js 文件放到 C:\Demo\C3 目录中。

（4）打开 CMD 控制台，进入 C:\Demo\C3 目录中，输入 "node main.js"，就可以看到图 3-11 所示的执行结果。

图 3-11 使用 module 对象进行模块化编程

与使用 exports 对象相比，唯一的变化是使用 module.exports = Hello 代替了 exports.world = function(){}。在外部引用该模块时，其接口对象就是要输出的 Hello 对象本身，而不是原先的 exports。

3.3 基本内置模块

Node.js 中提供了很多好用的内置模块，如 os 模块、url 模块等。接下来，我们就开始学习这些内置模块的使用方法。在学习之前，先来了解一下 Node.js 文档的作用。在 Node.js 文档中，提供了所有内置模块的使用方法。

Node.js 文档的地址是 https://nodejs.org/dist/latest-v10.x/docs/api/，在 Node.js 的官方网站上，单击上方菜单中的 "DOCS"，就可以找到最新的 Node.js 文档，如图 3-12 所示。

图 3-12　Node.js 文档

3.3.1　os 模块

os 模块

首先来学习一下 os 模块。事实上，os 模块在实际的编程代码中并不经常使用。但是从学习基本内置模块的角度，还是应该学习一下。

os 模块提供了一些基本的系统操作函数。使用 os 模块，需要使用 require() 函数。语法格式为：

```
const os=require('os')
```

os 模块提供了一些方法主要用于对系统进行操作。主要方法如表 3-7 所示，其他方法可以在 Node.js 文档参考查询。

表 3-7　os 模块的主要方法

方法名称	说明
hostname()	返回操作系统的主机名
type()	返回操作系统名
platform()	返回编译时的操作系统名
arch()	返回操作系统 CPU 架构
release()	返回操作系统的发行版本
uptime()	返回操作系统运行的时间，以 s 为单位
loadavg()	返回一个包含 1min、5min、15min 平均负载的数组
totalmem()	返回系统内存总量，单位为字节
freemem()	返回操作系统空闲内存量，单位为字节
cpus()	返回一个对象数组，包含所安装的每个 CPU 内核的信息
networkInterfaces()	获得网路接口列表

接下来学习如何使用 os 模块。具体操作如下。

（1）首先，打开 WebStorm 编辑器，创建 3-5.js 文件，编写代码如下：

```
// 引入os模块
var os = require('os');
// 使用os模块中的方法.
console.log(os.hostname());
console.log(os.type());
console.log(os.platform());
console.log(os.arch());
console.log(os.release());
console.log(os.uptime());
console.log(os.loadavg());
console.log(os.totalmem());
console.log(os.freemem());
console.log(os.cpus());
console.log(os.networkInterfaces());
```

（2）然后将 3-5.js 文件放到 C:\Demo\C3 目录中。

（3）打开 CMD 控制台，进入 C:\Demo\C3 目录中，输入 "node 3-5.js"，就可以看到图 3-13 所示的执行结果。

图 3-13　os 模块的主要方法

3.3.2　url 模块

接下来，再来考察 url 模块，url 模块也是比较简单的功能模块。url 模块用于对 URL 地址的解析。使用 url 模块同样需要 require() 函数的引入。

语法格式为：

```
const url=require('url')
```

url 模块

url 模块的主要方法如表 3-8 所示。

表 3-8　url 模块的主要方法

方法名称	说明
parse()	将 url 字符串转换成 url 对象
format(urlObj)	将 url 对象转换成 url 字符串
resolve(from,to)	组合变量，构造 url 字符串

接下来我们主要考察一下如何使用 url 模块中的 parse() 方法。具体操作如下。

（1）首先，打开 WebStorm 编辑器，创建 3-6.js 文件，编写代码如下：

```
// 使用url模块
var url = require('url');
// 调用parse方法.
var parsedObject = url.parse('http://www.mingrisoft.com/systemCatalog/26.html');
console.log(parsedObject);
```

（2）然后将 3-6.js 文件放到 C:\Demo\C3 目录中。

（3）打开 CMD 控制台，进入 C:\Demo\C3 目录中，输入 "node 3-6.js"，就可以看到图 3-14 所示的执行结果。

```
管理员: C:\Windows\system32\cmd.exe

Microsoft Windows [版本 6.1.7601]
版权所有 <c> 2009 Microsoft Corporation。保留所有权利。

C:\Users\Administrator>cd \

C:\>cd Demo\C3

C:\Demo\C3>node 3-6.js
Url {
  protocol: 'http:',
  slashes: true,
  auth: null,
  host: 'www.mingrisoft.com',
  port: null,
  hostname: 'www.mingrisoft.com',
  hash: null,
  search: null,
  query: null,
  pathname: '/systemCatalog/26.html',
  path: '/systemCatalog/26.html',
  href: 'http://www.mingrisoft.com/systemCatalog/26.html' }

C:\Demo\C3>
```

图 3-14　url 模块中的 parse() 方法

3.3.3　Query String 模块

通过 os 模块和 url 模块的学习，相信大家对如何使用内置模块，应该多多少少有所了解。Query String 模块用于实现 URL 参数字符串与参数对象之间的互相转换。

Query String 模块

语法格式为：

```
const querystringl=require('querystring')
```

Query String 模块的主要方法如表 3-9 所示

表 3-9　Query String 模块的主要方法

方法名称	说明
stringify()	将 query 对象转换成 query 字符串
parse()	将 query 字符串转换成 query 对象

接下来我们主要考察一下如何使用 Query String 模块中的 parse() 方法。具体操作如下。

（1）首先，打开 WebStorm 编辑器，创建 3-7.js 文件，编写代码如下：

```
// 使用url模块和querystring模块.
var url = require('url');
var querystring = require('querystring');
// 调用模块中的方法.
var parsedObject = url.parse('https://search.jd.com/Search?keyword=java&enc=utf-8&wq=java&
                            pvid=425de9f31d014547807ff3ab31e81af1');
console.log(querystring.parse(parsedObject.query));
```

（2）然后将 3-7.js 文件放到 C:\Demo\C3 目录中。

（3）打开 CMD 控制台，进入 C:\Demo\C3 目录中，输入 "node 3-7.js"，就可以看到图 3-15 所示的执行结果。

图 3-15　Query String 模块中的 parse() 方法

3.3.4　util 模块

util 模块为 Node.js 提供补充性质的功能。util 提供了很多实用方法，比如格式化字符串、将对象转换为字符串、检查对象的类型，并执行对输出流的同步写入，以及一些对象继承的增强。

util 模块

语法格式为：

```
const util=require('util')
```

util 模块只有一个 format() 方法，用于返回组合的字符串。它与前面学过的 console.log() 方法十分相似。下面通过一个例子进行说明。具体操作如下。

（1）首先，打开 WebStorm 编辑器，创建 3-8.js 文件，编写代码如下：

```
// 使用util模块
var util = require('util');
// 调用模块中的方法
var data = util.format('%d + %d = %d', 52, 273, 52 + 273);
console.log(data);
```

（2）然后将 3-8.js 文件放到 C:\Demo\C3 目录中。

（3）打开 CMD 控制台，进入 C:\Demo\C3 目录中，输入 "node 3-8.js"，就可以看到图 3-16 所示的执行结果。

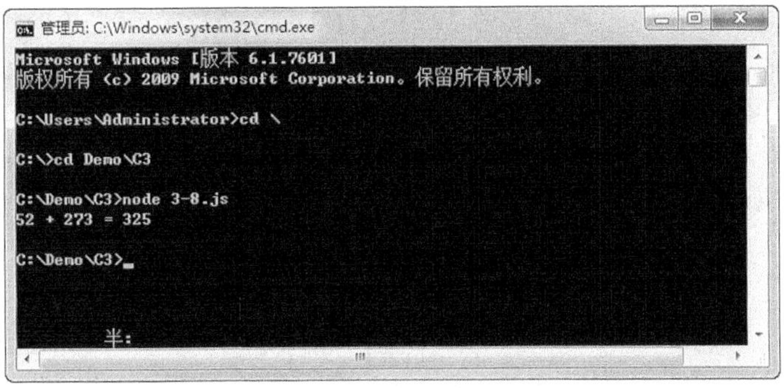

图 3-16　util 模块中的 format() 方法

3.3.5　crypto 模块

crypto 模块

反复学习重复的内容，是不是感觉有些厌烦了呢？通过前面各个模块的学习，希望大家掌握时刻学习 Node.js 文档的习惯。最后再介绍 crypto 模块，crypto 模板是一个提供加密功能的模块。它可以生成 Hash 散列函数，也可以说是生成密码。

语法格式为：

```
const crypto=require('crypto')
```

这里主要考察一下 crypto 模块中的 creatHash() 方法。

【例 3-3】 接下来，通过一个实例学习如何使用 crypto 模块生成 Hash 密码，具体操作步骤如下。（实例位置：资源包\MR\源码\第 3 章\3-3）

（1）首先，打开 WebStorm 编辑器，创建 3-9.js 文件，编写代码如下：

```
// 引用crypto模块.
var crypto = require('crypto');
// 生成Hash.
var shasum = crypto.createHash('sha256');
shasum.update('crypto_hash');
var output = shasum.digest('hex');
// 输出密码.
console.log('crypto_hash:', output);
```

（2）然后将 3-9.js 文件放到 C:\Demo\C3 目录中。

（3）打开 CMD 控制台，进入 C:\Demo\C3 目录中，输入 "node 3-9.js"，就可以看到图 3-17 所示的执行结果。

图 3-17　使用 crypto 模块生成 Hash 密码

小 结

本章介绍了 Node.js 提供的全局变量、全局对象和全局函数；同时也介绍了通过 exports 对象和 module 对象，在 Node.js 中进行模块化编程；最后介绍了 Node.js 中的几种内置模块，以及 Node.js 文档的技巧和使用模块的方法。

上机指导

利用 Node.js 的 console 对象中的 log()方法和 time()方法，输出字符串数据类型、数字数据类型和布尔数据类型的变量内容；输出 process 对象的 argv 属性返回的数组；计算循环 10000 次的时间和程序全部时间。

具体操作如下。

（1）使用 WebStorm 代码编辑器，创建一个 test-3.js 文件。

（2）在 WebStorm 的代码编辑区内，开始编写代码。具体代码如下：

```
const string = 'abc';
const number = 1;
const boolean = true;
console.log(process.argv);
console.time('全部时间');
console.log(string, number, boolean);
console.time('计时');
for (var i = 0; i < 100000; i++) {}
console.timeEnd('计时');
console.timeEnd('全部时间');
```

（3）打开 CMD 控制台，，进入项目的根目录。输入命令"node test-3.js"，执行 test-3.js 文件的程序代码。执行结果如图 3-18 所示。

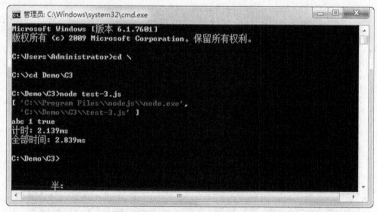

图 3-18　上机指导的执行结果

习 题

3-1　Node.js 的全局变量、全局对象和全局函数都有哪些?

3-2　Node.js 中模块化编程可以使用哪些对象?

3-3　引用内置模块时，一般要使用什么函数?

3-4　从哪里可以找到 Node.js 文档?

第4章

异步编程与包管理

本章要点

- 了解同步和异步的概念
- 学会使用回调函数处理异步编程
- 学会使用事件驱动编程的方法
- 了解什么是包和NPM

Node.js 中非常有特色的一点，就是使用事件驱动机制进行异步编程。除此之外，Node.js 中还提供了一套非常便捷的包管理工具——NPM。本章将对 Node.js 的异步编程和包资源管理器进行详细讲解。

4.1 异步编程

JavaScript 本身是单线程编程。单线程编程就是一次只能完成一个任务。如果有多个任务，也必须等待前一个任务完成后，再执行下一个任务。因此，单线程编程的效率非常低。为了解决这个问题，Node.js 中加入了异步编程模块。利用好 Node.js 异步编程，会给开发带来很大的便利。

4.1.1 同步和异步

在进行异步编程前，需要先了解同步和异步的概念，下面分别进行介绍。

1. 同步

首先举一个简单的例子说明同步的概念。比如有一家小吃店，只有一名服务员叫小王，这天中午，来了很多客人，小王需要为客人下单和送餐。那么，如果小王采用同步方法，效果如图 4-1 所示。

小王首先为顾客 1 服务：下单到厨房，送餐给顾客。服务完顾客 1 后，再服务顾客 2，再服务顾客 3，以此类推。这就是使用同步模式的方法，可以发现，使用这种方法，在服务完顾客 1 之前，顾客 2 和顾客 3 只能是一直等待，显然效率非常低。如果使用代码来模拟，具体操作如下。

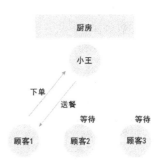

图 4-1　小王采取同步模式

（1）创建目录 C:\Demo\C4，这个目录用于放置第 4 章学习中的代码文件。

（2）接下来，打开 WebStorm 编辑器，创建 4-1.js 文件，编写代码如下：

```
//同步模式
console.log("小王为顾客1下单。")
console.log("小王为顾客1送餐。")
console.log("小王为顾客2下单。")
console.log("小王为顾客2送餐。")
console.log("小王为顾客3下单。")
console.log("小王为顾客3送餐。")
```

（3）打开 CMD 控制台，进入 C:\Demo\C4 目录中，输入 "node 4-1.js"，就可以看到图 4-2 所示的执行结果。

图 4-2　同步模式的程序代码

2. 异步

同样是小吃点的例子，如果小王采用异步的方法，会是什么样呢？如图 4-3 所示。

图 4-3　小王采取异步模式

小王可以分别为顾客 1、顾客 2 和顾客 3 下单，待厨房陆续做好时，小王再分别为顾客 1、顾客 2 和顾客 3 送餐。这就是采用了异步的方法，与同步模式相比，显然效率大大提升。但这也不是说明异步模式没有缺点，如果小王摔倒了，或者送餐的时间延长的话，整体效率也不高。采用代码模拟异步模式，具体操作如下。

（1）打开 WebStorm 编辑器，创建 4-2.js 文件，编写代码如下：

```
//异步模式
console.log("小王开始为顾客服务。");
//送餐服务
function service(){
    //setTimeout代码执行时，不会阻塞后面的代码执行
    setTimeout(function () {
        console.log("小王为顾客1送餐。");
    },0);
    setTimeout(function () {
        console.log("小王为顾客2送餐。");
    },0);
    setTimeout(function () {
        console.log("小王为顾客3送餐。");
    },0);
}
console.log("小王为顾客1下单。");
service();
console.log("小王为顾客2下单。");
console.log("小王为顾客3下单。");
```

（2）然后将 4-2.js 文件放到 C:\Demo\C4 目录中。

（3）打开 CMD 控制台，进入 C:\Demo\C4 目录中，输入"node 4-2.js"，就可以看到图 4-4 所示的执行结果。

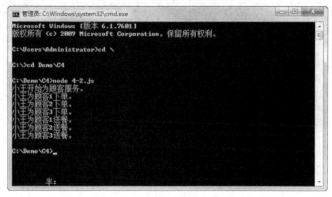

图 4-4　异步模式的程序代码

4.1.2 回调函数

回调函数

回调函数是指函数可以被传递到另一个函数中，然后被调用的形式。Node.js 异步编程的直接体现就是回调函数。回调函数在完成任务后就会被调用，Node.js 中使用了大量的回调函数，Node.js 中所有的 API 都支持回调函数。

首先通过一个简单的示例，感受一下回调函数。具体操作如下。

（1）打开 WebStorm 编辑器，创建 4-3.js 文件，编写代码如下：

```
function fooA() {
    return 1
}
Function fooB(a) {
    return 2 + a
}
//fooA是个函数，但它又作为一个参数在fooB函数中被调用
c = fooB(fooA())
console.log(c)
```

（2）然后将 4-3.js 文件放到 C:\Demo\C4 目录中。

（3）打开 CMD 控制台，进入 C:\Demo\C4 目录中，输入 "node 4-3.js"，就可以看到图 4-5 所示的执行结果。

图 4-5　简单回调函数

接下来，在 4-3.js 代码的基础上，引入异步编程。具体操作如下。

（1）打开 WebStorm 编辑器，创建 4-4.js 文件，编写代码如下：

```
var a = 0;
function fooA(x) {
    console.log(x)
}
function timer(time) {
    setTimeout(function () {
        a=6
    }, time);
}
console.log(a);
timer(3000);
fooA(a);
```

（2）然后将 4-4.js 文件放到 C:\Demo\C4 目录中。

（3）打开 CMD 控制台，进入 C:\Demo\C4 目录中，输入 "node 4-4.js"，就可以看到图 4-6 所示的执行结果。

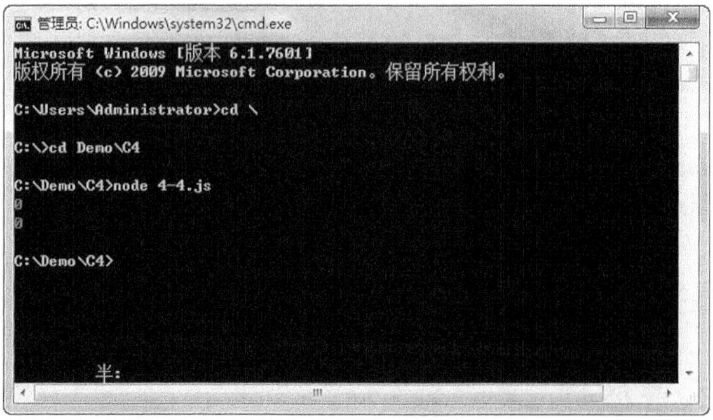

图 4-6　异步调用回调函数

我们想实现的效果是，全局变量 a 初始值是 0，然后经过 3 秒后，变成 6。但是最后输出的结果是 0。因为代码中执行的是异步操作，尽管 timer 函数让 a 等于 6 了，但是异步编程不会等 timer 函数执行完后，再执行下面的代码，而是直接执行了 fooA 函数，而此时还没有经过 3 秒的时间，所以 a 的值仍是 0。

所以，如果想达到我们希望的效果，代码需要修改如下：

```
var a = 0
function fooA(x) {
    console.log(x)
}
function timer(time, callback) {
    setTimeout(function () {
        a = 6
        callback(a);
    }, time);
}
//调用:
console.log(a)
timer(3000,fooA)
```

Node.js 中大量使用了异步编程技术，这是为了高效编程，同时也可以不造成同步阻塞。其实 Node.js 在底层还是通过多线程技术实现了异步操作，但普通用户并不需要深究它的实现方法，我们只要做好异步处理即可。

4.2　事件驱动

Node.js 中是以"事件驱动"为中心的异步编程平台。异步编程，在前面的学习中已经初步了解，接下来，我们开始学习什么是事件驱动机制。在下面的内容中，我们将主要学习 Node.js 中的 on()方法、emit()方法和 EventEmitter 对象。

4.2.1 添加监听事件

添加监听事件

在学习 Node.js 的监听事件之前，先来回顾一下，在 JavaScript 中是如何监听事件的。
仔细观察如下代码：

```html
<!DOCTYPE html>
<html>
<head>
    <meta charset="utf-8" />
    <title></title>
    <script>
        // 对window对象注册load事件
        window.addEventListener('load', function () {
        });
    </script>
</head>
<body>
</body>
</html>
```

观察上述代码，代码中的 load 是注册的事件名称（Event Name），后面的 function 函数部分称为注册事件的监听器（Event Listerner）。在 Node.js 中，也使用相似的监听事件方法，只不过不使用 addEventListener()方法，而是使用 on()方法。on()方法主要用于添加监听事件。

语法格式为：

```
on(eventName, eventHandler)
```

Node.js 中的监听事件使用方法，与 JavaScript 中的十分相似。下面通过一个示例演示如何使用 on()方法。

【例 4-1】 使用前面学习过的 process 对象，为 process 对象添加监听事件，演示如何使用 Node.js 中的 on()方法。具体操作步骤如下。（实例位置：资源包\MR\源码\第 4 章\4-1）

（1）首先，打开 WebStorm 编辑器，创建 4-5.js 文件，编写代码如下：

```javascript
// 对process对象注册exit事件
process.on('exit', function (code) {
    console.log('你好，明日科技');
});
// 对process对象注册uncaughtException事件
process.on('uncaughtException', function (error) {
    console.log('发生异常，请多加小心！');
});
// 间隔2秒，发生3次异常事件
var count = 0;
var test = function () {
    count = count + 1;
    if (count > 3) { return; }
    // 触发异常事件
    setTimeout(test, 2000);
    error.error.error();
};
setTimeout(test, 2000);
```

（2）将 4-5.js 文件放到 C:\Demo\C4 目录中。

（3）打开 CMD 控制台，进入 C:\Demo\C4 目录中，输入 "node 4-5.js"，就可以看到图 4-7 所示的执行结果。

图 4-7　Node.js 中的 on()方法

从执行结果可以看到，当程序出现异常情况时，会触发 uncaughtException 事件，输出 "发生异常，请多加小心"的内容，最后当程序结束时，会触发 exit 事件，输出 "你好，明日科技"的内容。

大家可能会有这样的疑问，是不是在 Node.js 中，可以随意添加任何数量的监听事件呢？我们可以尝试一下，具体操作如下。

（1）首先，打开 WebStorm 编辑器，创建 4-6.js 文件，编写代码如下：

```
// 对process对象添加11个exit事件
process.on('exit', function () { });
process.on('exit', function () { });
process.on('exit', function () { });
process.on('exit', function () { });
process.on('exit', function () { });
process.on('exit', function () { });
process.on('exit', function () { });
process.on('exit', function () { });
process.on('exit', function () { });
process.on('exit', function () { });
process.on('exit', function () { });
```

（2）将 4-6.js 文件放到 C:\Demo\C4 目录中。

（3）打开 CMD 控制台，进入 C:\Demo\C4 目录中，输入 "node 4-6.js"，就可以看到图 4-8 所示的执行结果。

图 4-8　Node.js 中监听事件的数量

从运行结果可以发现，程序无法正常执行，输出了警告信息。说明 Node.js 对于监听事件的数量是有限制的。但是在实际的编程中，需要很多监听事件的情况是经常发生的，这时应该怎么办呢？Node.js 中提供了设置监听事件数量的方法 setMaxListeners(limit)。

语法格式为：

```
setMaxListeners(limit)
```

有了 setMaxListeners（limit）方法，Node.js 运行程序时，就可以人为设置监听事件的数量，程序就不会报错了。重新修改 4-6.js 中的代码，具体操作如下。

（1）打开 WebStorm 编辑器，打开 4-6.js 文件，修改代码如下：

```
// 对process对象添加11个exit事件
process.on('exit', function () { });
process.on('exit', function () { });
process.on('exit', function () { });
process.on('exit', function () { });
process.on('exit', function () { });
process.on('exit', function () { });
process.on('exit', function () { });
process.on('exit', function () { });
process.on('exit', function () { });
process.on('exit', function () { });
process.on('exit', function () { });
```

（2）将 4-6.js 文件放到 C:\Demo\C4 目录中。

（3）打开 CMD 控制台，进入 C:\Demo\C4 目录中，输入 "node 4-6.js"，就可以看到图 4-9 所示的执行结果。

图 4-9　设置监听事件的数量

4.2.2　删除监听事件

前面已经学习了如何添加监听事件，接下来学习如何删除监听事件。Node.js 中提供了两种删除监听事件的方法，如表 4-1 所示。

删除监听事件

表 4-1　Node.js 中删除监听事件的方法

方法名称	说明
removeListener(eventName, handler)	删除指定事件名称的监听事件
removeAllListeners([eventName])	删除全部监听事件

下面通过一个示例，演示一下使用 Node.js 中删除监听事件的方法。具体操作如下。

（1）打开 WebStorm 编辑器，新建 4-7.js 文件，编写代码如下：

```
var onUncaughtException = function (error) {
    // 输出异常内容
    console.log('发生异常，请多加小心！');
```

```
    // 删除监听事件.
    process.removeListener('uncaughtException', onUncaughtException);
};
// 对process对象添加uncaughtException事件
process.on('uncaughtException', onUncaughtException);
// 每隔2秒发生一次异常事件
var test = function () {
    setTimeout(test, 2000);
    error.error.error();
};
setTimeout(test, 2000);
```

（2）将 4-7.js 文件放到 C:\Demo\C4 目录中。

（3）打开 CMD 控制台，进入 C:\Demo\C4 目录中，输入"node 4-7.js"，就可以看到图 4-10 所示的执行结果。

图 4-10　删除监听事件

观察执行结果可以发现，程序在执行了 2 秒，触发了一次 uncaughtException 事件后，就结束了。那么问题就来了，如果只想执行一次监听事件，有没有什么好办法呢？在 Node.js 中，提供了只执行一次监听事件的方法 once()。

语法格式为：

```
once(eventName, eventHandler)
```

重新修改 4-7.js 中的代码，具体操作如下：

（1）打开 WebStorm 编辑器，打开 4-7.js 文件，修改代码如下：

```
var onUncaughtException = function (error) {
    // 输出异常内容
    console.log('发生异常，请多加小心 !');
    // 删除监听事件.
    process.removeListener('uncaughtException', onUncaughtException);
};
// 对process对象添加uncaughtException事件
process.on('uncaughtException', onUncaughtException);
// 每隔2秒发生一次异常事件
var test = function () {
    setTimeout(test, 2000);
```

```
        error.error.error();
    };
    setTimeout(test, 2000);
```

（2）将 4-7.js 文件放到 C:\Demo\C4 目录中。

（3）打开 CMD 控制台，进入 C:\Demo\C4 目录中，输入 "node 4-7.js"，就可以看到图 4-11 所示的执行结果。

图 4-11　使用 once()方法

4.2.3　主动触发监听事件

当我们对指定对象添加监听事件后，Node.js 就会自动监听这些对象的一举一动。如果满足事件发生的条件，Node.js 就会自动触发监听事件，执行监听事件中事件监听器里的函数内容。在实际的编程中，有时需要我们主动触发一些监听事件，比如发送通知消息等。Node.js 中又提供了主动触发监听事件的方法 emit()。

主动触发监听事件

语法格式为：

```
on(eventName, eventHandler)
```

【例 4-2】 通过一个示例来学习如何使用 Node.js 中的 emit()方法。具体操作步骤如下。（实例位置：资源包\MR\源码\第 4 章\4-2 ）

（1）首先，打开 WebStorm 编辑器，创建 4-8.js 文件，编写代码如下：

```
// 对process对象添加exit事件
process.on('exit', function (code) {
    console.log('程序结束了!');
});
// 主动触发exit事件
process.emit('exit');
process.emit('exit');
process.emit('exit');
process.emit('exit');
// 程序执行中
console.log('程序执行中');
```

（2）将 4-8.js 文件放到 C:\Demo\C4 目录中。

（3）打开 CMD 控制台，进入 C:\Demo\C4 目录中，输入 "node 4-8.js"，就可以看到图 4-12 所示的执行结果。

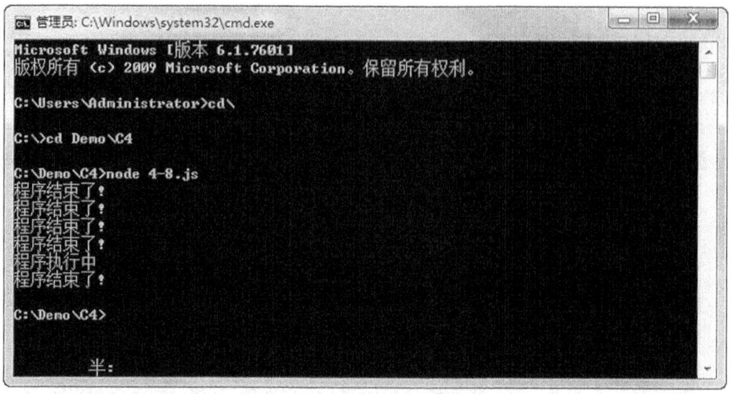

```
管理员: C:\Windows\system32\cmd.exe

Microsoft Windows [版本 6.1.7601]
版权所有 (c) 2009 Microsoft Corporation。保留所有权利。

C:\Users\Administrator>cd\

C:\>cd Demo\C4

C:\Demo\C4>node 4-8.js
程序结束了！
程序结束了！
程序结束了！
程序结束了！
程序执行中
程序结束了！

C:\Demo\C4>

                      半:
```

图 4-12　主动触发监听事件

4.2.4　EventEmitter 对象

实际上，在 Node.js 中可以添加监听事件的对象，这些对象都继承了 EventEmitter 对象中的方法。前面学习的 process 对象，正是因为继承了 EventEmitter 中的方法，所以可以添加监听事件。看一下 EventEmitter 对象中的方法，可以发现很多熟悉方法的影子，如表 4-2 所示。

EventEmitter 对象

表 4-2　EventEmitter 对象中的方法

方法名称	说明
addListener(eventName, eventHandler)	添加监听事件
on(eventName, eventHandler)	添加监听事件
setMaxListeners（limit）	设置监听事件的数量
removeListener(eventName, handler)	删除指定事件名称的监听事件
removeAllListeners([eventName])	删除全部监听事件
once(eventName, eventHandler)	仅执行一次监听事件

下面通过一个示例，学习如何使用 EventEmitter 对象。具体操作如下。

（1）首先，打开 WebStorm 编辑器，创建 4-9.js 文件，编写代码如下：

```javascript
// 引入events模块
var events = require('events');
// 生成EventEmitter对象
var custom = new events.EventEmitter();
// 添加监听事件tick
custom.on('tick', function (code) {
    console.log('执行指定事件！');
});
// 主动触发监听事件tick
custom.emit('tick');
```

（2）将 4-9.js 文件放到 C:\Demo\C4 目录中。

（3）打开 CMD 控制台，进入 C:\Demo\C4 目录中，输入 "node 4-9.js"，就可以看到图 4-13 所示的执行结果。

通过上述代码可以发现，如果是这样使用 EventEmitter 对象的话，那就太简单了。但是在实际的编程中，并不是这样来使用 EventEmitter 对象的。一般来说，会把添加监听事件的模块和触发监听事件的模块分开，如图 4-14 所示。

图 4-13　使用 EventEmitter 对象

图 4-14　监听事件的文件构成

在 app.js 文件中添加相关监听事件，而在 rint.js 文件中触发相关监听事件。

【例 4-3】　下面通过一个示例来演示一下真实项目中监听事件的添加与触发。具体操作步骤如下。（实例位置：资源包\MR\源码\第 4 章\4-3）

（1）首先，打开 WebStorm 编辑器，创建 rint.js 文件，编写代码如下：

```
// 引入events模块
var events = require('events');
// 生成 EventEmitter 对象
exports.timer = new events.EventEmitter();
// 触发监听事件tick
setInterval(function () {
    exports.timer.emit('tick');
}, 1000);
```

（2）然后再创建 app.js 文件，编写代码如下：

```
// 引入rint模块
var rint = require('./rint.js');
// 添加监听事件
rint.timer.on('tick', function (code) {
    console.log('执行指定监听事件');
});
```

（3）将 app.js 文件和 rint.js 文件放到 C:\Demo\C4 目录中。

（4）打开 CMD 控制台，进入 C:\Demo\C4 目录中，输入 "node app.js"，就可以看到图 4-15 所示的执行结果。

图 4-15　实际编程中监听事件的添加与触发

4.3 包管理

在 Node.js 中，会将某个独立的功能封装起来，用于发布、更新、依赖管理和版本控制。Node.js 中提供了包管理工具，也就是对一些程序包进行安装、升级和卸载的管理工具。程序员在编程的时候，常常会用到一些工具，类似于我们在计算机上安装一些软件。

包的概念

4.3.1 包的概念

Node.js 中的包和模块基本相似，只不过包是在模块的基础上更进一步地组织 JavaScript 代码的目录。Node.js 中规范的包的目录结果如表 4-3 所示。

表 4-3 包目录结构

包结构	说明
package.json	在顶层目录的包描述文件，说明文件
bin	存放可执行二进制文件的目录
lib	存放 JavaScript 文件的目录
doc	存放文档的目录
test	存放单元测试用例代码的目录

实际开发中，package.json 文件好比一个产品说明书，它的优势在于当开发者拿到一个第三方包文件时，可以对包的信息一目了然，package.json 文件中用于描述信息的属性如表 4-4 所示。

表 4-4 package.json 文件属性说明

属性	说明
name	包的名称
description	包的简介
version	包的版本号
keywords	关键词数组，用于在 NPM 中分类搜索
author	包的作者
main	配置包的入口，默认是模块根目录下的 index.js
dependencies	包的依赖项，NPM 会根据该属性自动加载依赖包
scripts	指定了运行脚本命令的 NPM 命令行缩写，例如 start

4.3.2 NPM 的概念

NPM 的全称是 Node Package Manager，是随同 Node.js 一起安装的包管理和分发工具，它很方便让 JavaScript 开发者下载、安装、上传以及管理已经安装的包。NPM 是 Node.js 官方的一种包管理工具，简单来说，就是开发人员通过命令提示符下载各种包版本的工具。

NPM 的概念

NPM 中的常用命令如表 4-5 所示。

表 4-5　NPM 中的常用命令

命令	说明
npm　init[-y]	初始化一个 package.json 文件
npm　install 包名	安装一个包
npm　install -save 包名	将安装的包添加到 package.json 的依赖中
npm　install -g 包名	安装一个命令行工具
npm　docs 包名	查看包的文档
npm　root -g	查看全局包安装路径
npm　comfig set prefix "路径"	修改全局包安装路径
npm　list	查看当前目录下安装的所有包
npm　list -g	查看全局包的安装路径下所有的包
npm　uninstall 包名	卸载当前目录下某个包
npm　uninstall-g 包名	卸载全局安装路径下的某个包
npm　update 包名	更新当前目录下某个包

　　由于 Node.js 已经集成了 NPM，所以安装完 Node.js，NPM 也就一并安装好了。可以通过 CMD 控制台，输入 "npm -v" 来测试是否成功安装。具体操作如下。

　　打开 CMD 控制台，输入 "npm -v"，如果看到图 4-16 所示的界面效果，说明 NPM 安装成功了。

图 4-16　测试 NPM 是否安装成功

4.3.3　NPM 的基本应用

　　NPM 的基本应用就是可以安装 Node.js 中的各种模块。NPM 安装命令如下：

```
npm install 包名
```

　　下面介绍一个示例，使用 npm 命令安装 web 框架模块 express。具体操作如下。

NPM 的基本应用

　　（1）打开 CMD 控制台，进入 C:\Demo\C4 目录中，输入 "npm install express"，就可以看到图 4-17 所示的执行效果。（注意安装的过程需要联网）

　　（2）安装成功之后，Node.js 会自动在项目的当前目录下创建一个目录，该目录的名称叫作 node_modules，然后把第三方包 express 自动放在该目录下，如图 4-18 所示。

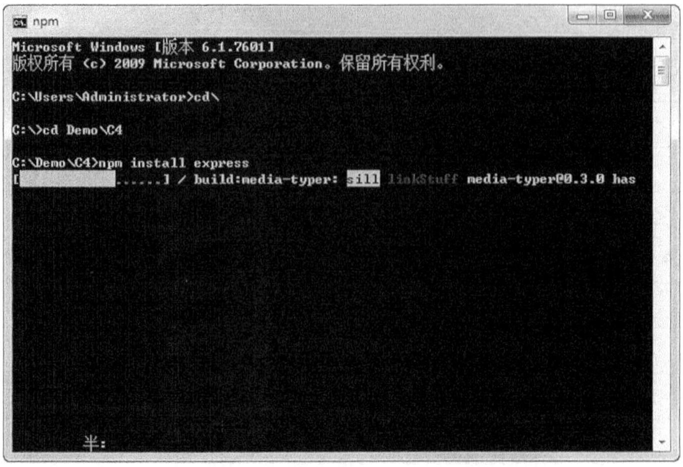

图 4-17　使用 NPM 安装 express 模块

```
node_modules
4-1.js
4-2.js
4-3.js
4-4.js
4-5.js
4-6.js
4-7.js
4-8.js
4-9.js
app.js
package-lock.json
rint.js
```

图 4-18　node_modules 的目录

小　结

　　本章介绍了 Node.js 中的异步编程机制——回调函数。异步编程执行时，不确定完毕时间，回调函数会被压入到一个队列，然后接着往下执行其他代码，直到异步函数执行完成后，才会调用相应的回调函数。同时，也介绍了在 Node.js 中如何添加、删除和触发监听事件，介绍了什么是 EventEmitter 对象。最后，NPM 也是 Node.js 中非常常见的操作，希望读者在本章打好基础。

上机指导

　　使用 EventEmitter 对象做一个触发计算器事件的例子。在这个例子中，需要使用 require()函数引入模块，使用 module.exports 作为模块输出的接口，最后在调用该模块的 JavaScript 文件中，使用 emit()方法触发模块中的事件，具体操作如下。
　　（1）使用 WebStorm 代码编辑器，创建一个 calc.js 文件，编写代码如下：

```
var util = require('util');
var EventEmitter = require('events').EventEmitter;
```

```
var Calc = function() {
    var self = this;
        this.on('stop', function() {
        console.log('触发计算器stop监听事件。');
    });
};
util.inherits(Calc, EventEmitter);
Calc.prototype.add = function(a, b) {
    return a + b;
}
module.exports = Calc;
module.exports.title = '计算器';
```

（2）再创建一个 test-4.js 文件，编写代码如下：

```
var Calc = require('./calc');
var calc = new Calc();
calc.emit('stop');
console.log(Calc.title + '接收到stop监听事件。');
```

（3）打开 CMD 控制台，进入项目的根目录。输入命令"node test-4.js"，执行 test-4.js 文件的程序代码，执行结果如图 4-19 所示。

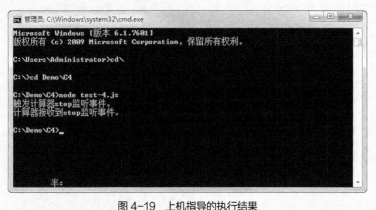

图 4-19　上机指导的执行结果

习 题

4-1　什么是回调函数？

4-2　Node.js 中如何添加和删除监听事件？

4-3　什么是 NPM？

4-4　如何使用 NPM 安装一个模块？

第5章

http模块

本章要点

■ 了解http模块的作用和特点
■ 使用http模块实现基本Web服务器

在 Node.js 中使用最多的部分，应该就是开发 Web 服务应用了。因此，Node.js 提供了 http 模块，让开发 Web 服务变得更加容易。本章将介绍 Web 服务器的原理、如何使用 http 模块以及如何开发 Web 服务器。

5.1 Web 应用服务

通俗讲，Web 应用开发就是我们说的做网站（包括客户端和服务端两个组成部分）。Node.js 负责服务端的部分，在 Web 应用开发中，服务端起到了连接请求和响应的作用。下面详细介绍。

5.1.1 请求与响应

什么是请求？什么是响应？首先举一个生活中常见的例子来说明，比如，点外卖，如图 5-1 所示。

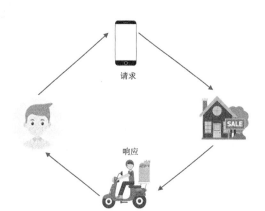

请求与响应

客户想吃外卖，首先通过手机找到了一家外卖店，于是给外卖店打了电话，订了一份外卖，这个过程可以称为"请求"。外卖店接收到这个请求后，开始制作外卖，做好后，通过外卖派送人员，将外卖送到了客户手中，这个过程可以叫作"响应"。

与点外卖的例子相似，我们可以将在浏览器中输入地址的过程称为"订外卖"，把 Web 服务器看作是"外卖店"，最终我们看到的网站页面可以看作是"外卖人员将外卖已派送完毕"。

比方说，我们用浏览器打开淘宝网。首先我们在浏览器的地址栏中输入淘宝网址，这个过程相当于向淘宝的服务器提出了一个请求，请求内容是想查看淘宝网的首页内容。淘宝服务器接收到了这个请求后，开始加工组织制作首页内容，将制作好的内容再返回到浏览器中，淘宝首页就呈现在我们眼前了，如图 5-2 所示。

图 5-1　生活中点外卖的例子

图 5-2　访问淘宝首页

5.1.2　客户端与服务端

通过"点外卖"和"访问淘宝网"的例子，相信读者已经明白请求和响应的含义了。接下来，我们来看客户端和服务端。一般把请求的对象称为客户端，比如点外卖的客户，访问淘宝网的用户等都是客户端。把响应的对象称为服务端，外卖店和淘宝服务器都可以为服务端。

客户端与服务端

在 Web 应用开发中，客户端向 Web 服务端请求访问网站的网页或文件等，Web 服务端接收到请求后，会向客户端返回相应请求的网页或文件。在 Node.js 开发中提供的 Web 服务器就起到提供这样服务的作用，如图 5-3 所示。

图 5-3　客服端与服务端

客服端与服务端传递信息的方式，就好像是互相写信。客户端在邮寄的信息中，把请求的内容写下来，服务端接到信后，根据信件的请求内容，把响应的信息再邮寄回来，如图 5-4 所示。根据邮寄信件的方式，Web 服务器可以分为 HTTP Web 服务器和 HTTPS Web 服务器。

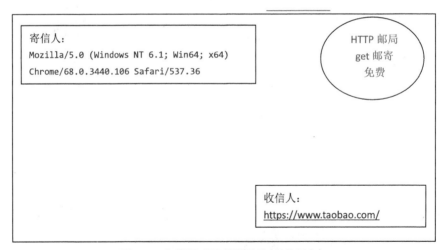

寄信人：
Mozilla/5.0 (Windows NT 6.1; Win64; x64)
Chrome/68.0.3440.106 Safari/537.36

HTTP 邮局
get 邮寄
免费

收信人：
https://www.taobao.com/

图 5-4　客户端和服务端的关系（信件邮寄）

这封信放进邮箱后，经过 HTTP 邮局的传递，到了淘宝服务器的手中。淘宝服务器根据请求内容，就把相关的 HTML 网页内容传递回来了。

到这里，有的读者可能会问，有没有什么办法可以查看请求和响应的内容呢？当然有。使用谷歌浏览器的开发者工具，就可以查看请求的信息和响应的信息了。以访问淘宝网为例，具体操作如下。

（1）打开谷歌浏览器（推荐最新版本），①找到并单击浏览器右上方的 ⋮ 图标，②单击"更多工具"选项，③单击"开发者工具"，如图 5-5 所示。

（2）在弹出的开发者工具界面中，①单击上方菜单中的"Network"选项，②单击左侧列表中的淘宝网网址，③在右侧的方框中，就显示了相应的请求和响应内容，如图 5-6 所示。

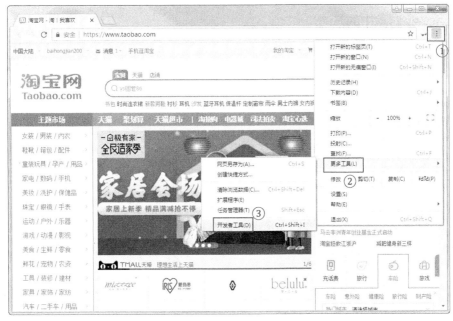

图 5-5　找到开发者工具

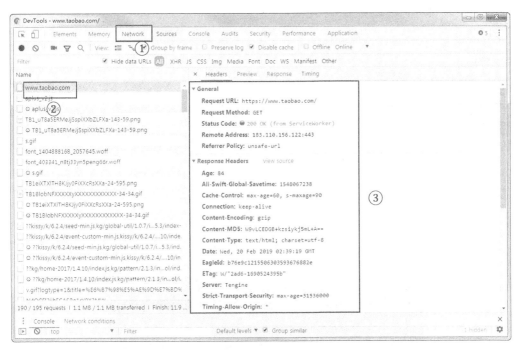

图 5-6　在开发者工具中查看请求和响应信息

5.2　server 对象

在 http 模块中，最重要的对象就是 server 对象。在 Node.js 中，使用 http 模块中的 createServer()方法，就可以创建一个 server 对象。接下来，我们将详细介绍 server 对象中的主要方法和事件。

5.2.1 server 对象中的方法

server 对象中主要使用的方法有 listen()方法和 close()方法，如表 5-1 所示，它们分别控制着服务器的启动和关闭。

server 对象中的方法

表 5-1　server 对象中的方法

方法名称	说明
listen(port)	启动服务器
close()	关闭服务器

> port，中文翻译为端口，是计算机与计算机之间信息的通道。如果把互联网比作信息海洋的话，那么 port 就是信息海洋中的港口。计算机中一共有 65535 个端口，编号从 0 开始。

下面通过一个例子，演示如何使用 server 对象中的 listen()和 close()方法。尽管这部分代码在实际编程中不经常使用，但希望读者了解这两个方法的含义。具体操作步骤如下。

（1）打开 WebStorm 编辑器，创建 5-1.js 文件，编写代码如下：

```javascript
// 创建server对象
var server = require('http').createServer();
// 启动服务器, 监听52273端口
server.listen(52273, function () {
    console.log('服务器监听地址是 http://127.0.0.1:52273');
});
// 10秒后执行close()方法
var test = function () {
    //关闭服务器
    server.close();
};
setTimeout(test, 10000);
```

（2）将 5-1.js 文件放到 C:\Demo\C5 目录中，这个目录用于放置第 5 章学习的代码文件。

（3）打开 CMD 控制台，进入 C:\Demo\C5 目录中，输入"node 5-1.js"，就可以看到图 5-7 所示的执行结果。

图 5-7　server 对象中的方法

5.2.2 server 对象中的事件

在 server 对象中，事件比方法更重要。因为 server 对象继承了 EventEmitter 对象，自然可以添加监听事件。server 对象中主要的监听事件如表 5-2 所示。

server 对象中的事件

表 5-2 server 对象中的监听事件

事件名称	说明
request	客户端请求时触发
connection	客户端连接时触发
close	服务器关闭时触发
checkContinue	客户端持续连接时触发
upgrade	客户端请求 http 升级时触发
clientError	客户端发生错误时触发

下面通过一个示例，演示一下 server 对象中主要的监听事件。具体操作如下。

（1）打开 WebStorm 编辑器，新建 5-2.js 文件，编写代码如下：

```javascript
var onUncaughtException = function (error) {
    // 输出异常内容
    console.log('发生异常，请多加小心 !');
    // 删除监听事件.
    process.removeListener('uncaughtException', onUncaughtException);
};
// 对process对象添加uncaughtException事件
process.on('uncaughtException', onUncaughtException);
// 每隔2秒发生一次异常事件
var test = function () {
    setTimeout(test, 2000);
    error.error.error();
};
setTimeout(test, 2000);
```

（2）将 5-2.js 文件放到 C:\Demo\C5 目录中。

（3）打开 CMD 控制台，进入 C:\Demo\C5 目录中，输入 "node 5-2.js"，就可以看到图 5-8 所示的执行结果，界面中的光标一直在等待。

图 5-8 启动服务器

（4）打开浏览器，在地址栏中输入 http://127.0.0.1:52273/后，按〈Enter〉键，浏览器中的界面没有任何变化，这是因为虽然客户端向 Web 服务器提出了请求，但是 Web 服务器没有网页提供给客户端，所以浏览器页面没有任何显示。但是这时再观察 CMD 控制台的界面，可以看到输出了监听事件的信息，如图 5-9 所示。

图 5-9　启动服务器

5.3　response 对象

在前面的学习中，Web 服务器启动后，在浏览器中的地址栏里输入 http://127.0.0.1:52273/后按〈Enter〉键，浏览器虽然接收到了请求，但是浏览器页面却没有任何显示，一直处在等待的状态，如图 5-10 所示。

图 5-10　等待服务器的响应

所以，需要准备服务器内容响应给客户端。这时，response 对象就应该登场了，response 对象提供了 writeHead()方法和 end()方法，如表 5-3 所示，可以输出内容响应给客户端。

表 5-3　response 对象中的方法

方法名称	说明
writeHead(statusCode[, statusMessage][, headers])	返回响应头信息
end([data][, encoding][, callback])	返回响应内容

下面通过一个示例，演示一下如何使用 response 对象中的 writeHead()方法和 end()方法。具体操作如下。

（1）打开 WebStorm 编辑器，新建 5-3.js 文件，编写代码如下：

```
// 创建Web服务器，并监听52273端口
require('http').createServer(function (request, response) {
    // 返回响应内容
    response.writeHead(200, { 'Content-Type': 'text/html' });
    response.end('<h1>Hello,Node.js</h1>');
}).listen(52273, function () {
    console.log('服务器监听地址是 http://127.0.0.1:52273');
});
```

（2）将 5-3.js 文件放到 C:\Demo\C5 目录中。

（3）打开 CMD 控制台，进入 C:\Demo\C5 目录中，输入"node 5-3.js"，就可以看到如图 5-11 所示的执行结果，界面中的光标一直在等待。

图 5-11　启动服务器

（4）打开浏览器，在地址栏中输入 http://127.0.0.1:52273/后，按〈Enter〉键，可以看到浏览器中的界面效果如图 5-12 所示。

图 5-12　Web 服务器输出响应信息

5.3.1　响应 HTML 文件

前面的例子中，我们直接在 JavaScript 中编写响应内容，返回给客户端。但是实际编程中，不能把所有 HTML 的内容都通过 JavaScript 进行编写，有什么办法可以直接把 HTML 文件返回给客户端吗？可以使用 file system 模块把已经写好的 HTML 文件返回给客户端。

响应 HTML 文件

【例 5-1】通过一个示例，来学习如何使用 file system 模块将 HTML 文件返回给客户端。具体操作步骤如下。（实例位置：资源包\MR\源码\第 5 章\5-1）

（1）创建图 5-13 所示的两个文件。在 5-4.js 文件中，使用 Node.js 中的 http 模块创建 Web 服务器，

然后使用 file system 模块将已经制作好的 index.html 文件输出给客户端。

（2）打开 WebStorm 编辑器，创建 5-4.js 文件，使用 createServer() 方法创建一个 Web 服务器，再使用 file system(fs) 模块中的 readFile() 方法读取 index.html 的内容，并存到变量 data 中，最后通过 response 对象中的 end() 方法输出给客户端。编写代码如下：

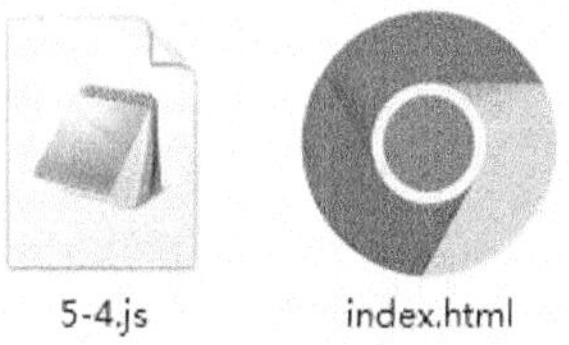

5-4.js   index.html

图 5-13 响应 HTML 内容的文件构成

```javascript
// 引入模块
var fs = require('fs');
var http = require('http');
// 创建服务器
http.createServer(function (request, response) {
    // 读取html文件内容
    fs.readFile('index.html', function (error, data) {
        response.writeHead(200, { 'Content-Type': 'text/html' });
        response.end(data);
    });
}).listen(52273, function () {
    console.log('服务器监听地址是 http://127.0.0.1:52273');
});
```

（3）使用 WebStorm 编辑器，创建 index.html 文件，使用 <h1> 标签和 <pre> 标签输出一个 404 页面的字符画。编写代码如下：

```html
<!DOCTYPE html>
<html>
<head>
    <!--指定页面编码格式-->
    <meta charset="UTF-8">
    <!--指定页头信息-->
    <title>特殊文字符号</title>
</head>
<body>
<!--表示文章标题-->
<h1 align="center">汪汪! 你想找的页面让我吃喽! </h1>
<!--绘制可爱小狗的字符画-->
<pre align="center">
.----.
_.'__    `.
.--($)($$)---/#\
.' @          /###\
:         ,    #####
`-..__.-' _.-\###/
 `;_:    `"'
.'"""""`.
/,  hi ,\\
// 你好! \\
`-._____.-'
 __ `. | .'__
(_____|_____)
</pre>
```

```
    </body>
    </html>
```

（4）将 5-4.js 文件和 index 文件放到 C:\Demo\C5 目录中。

（5）打开 CMD 控制台，进入 C:\Demo\C5 目录中，输入 "node 5-4.js"，就可以看到图 5-14 所示的执行结果。

图 5-14　启动服务器

（6）打开浏览器（推荐最新的谷歌浏览器），在地址栏中输入 http://127.0.0.1:52273/后，按〈Enter〉键，可以看到浏览器中的界面效果如图 5-15 所示。

图 5-15　Web 服务器输出响应信息

5.3.2　响应多媒体

我们知道，网站除了 HTML 内容外，还有丰富多彩的多媒体内容，比如图片和视频等等。接下来，我们学习如何使用 file system 模块，向客户端返回图片和视频。

响应多媒体

【例 5-2】通过一个示例，学习如何使用 file system 模块将图片和视频内容返回给客户端。具体操作步骤如下。（实例位置：资源包\MR\源码\第 5 章\5-2）

（1）创建图 5-16 所示的两个文件。在 5-5.js 文件中，使用 Node.js 中的 http 模块，创建 Web 服务器，然后使用 file system 模块将 JavaScript.mp4 视频文件和 demo.jpg 图片文件输出给客户端。

（2）打开 WebStorm 编辑器，创建 5-5.js 文件，使用

图 5-16　响应 HTML 内容的文件构成

createServer()方法创建 2 个 Web 服务器，分别监听 52273 端口和 52274 端口。52273 端口输出图片，52274 端口输出视频。这里需要注意的是，不同类型的多媒体内容，使用不同的 Content-Type 类型。编写代码如下：

```javascript
// 引入模块
var fs = require('fs');
var http = require('http');
// 创建服务器，监听52273端口
http.createServer(function (request, response) {
    // 读取图片文件
    fs.readFile('demo.jpg', function (error, data) {
        response.writeHead(200, { 'Content-Type': 'image/jpeg' });
        response.end(data);
    });
}).listen(52273, function () {
    console.log('服务器监听位置是 http://127.0.0.1:52273');
});
// 创建服务器，监听52274端口
http.createServer(function (request, response) {
    // 读取视频文件
    fs.readFile('JavaScript.mp4', function (error, data) {
        response.writeHead(200, { 'Content-Type': 'video/mpeg4' });
        response.end(data);
    });
}).listen(52274, function () {
    console.log('服务器监听位置是 http://127.0.0.1:52274');
});
```

（3）将 5-5.js 文件、demo.jpg 图片文件和 JavaScript.mp4 视频文件放到 C:\Demo\C5 目录中。

（4）打开 CMD 控制台，进入 C:\Demo\C5 目录中，输入 "node 5-5.js"，就可以看到图 5-17 所示的执行结果。

图 5-17　启动 2 个服务器

（5）打开浏览器（推荐最新的谷歌浏览器），在地址栏中输入 http://127.0.0.1:52273/后，按〈Enter〉键，可以看到浏览器中的界面效果如图 5-18 所示。

（6）打开浏览器（推荐最新的谷歌浏览器），在地址栏中输入 http://127.0.0.1:52274/ 后，按〈Enter〉键，可以看到浏览器中的界面效果如图 5-19 所示。

图 5-18　Web 服务器输出图片信息

图 5-19　Web 服务器输出视频信息

5.3.3　网页自动跳转

在访问网站时，网页自动跳转也是经常出现的情形之一。大家应该都有过这样的体验，在淘宝上购买东西时，用支付宝支付完毕后，页面会提示支付成功，等待 5 秒后，会自动跳转到其他页面。Node.js 主要使用了响应信息头的 Location 属性来实现自动跳转。

网页自动跳转

【例 5-3】　通过一个示例，学习如何让网页自动跳转。具体操作步骤如下。（实例位置：资源包\MR\源码\第 5 章\5-3）

（1）打开 WebStorm 编辑器，创建 5-6.js 文件，使用 createServer() 方法创建 Web 服务器后，在 writeHead() 方法中，使用 Location 属性，从地址 http://127.0.0.1:52273 重新定位到地址 http://www.mingrisoft.com/。编写代码如下：

```javascript
// 引入模块
var http = require('http');
// 创建服务器，网页自动跳转
http.createServer(function (request, response) {
    response.writeHead(302, { 'Location': 'http://www.mingrisoft.com/' });
    response.end();
}).listen(52273, function () {
    console.log('服务器监听地址在 http://127.0.0.1:52273');
});
```

（2）将 5-6.js 文件放到 C:\Demo\C5 目录中。

（3）打开 CMD 控制台，进入 C:\Demo\C5 目录中，输入 "node 5-6.js"，就可以看到图 5-20 所示的执行结果。

图 5-20　启动服务器

（4）打开浏览器（推荐最新的谷歌浏览器），在地址栏中输入 http://127.0.0.1:52273/后，按〈Enter〉键，可以看到浏览器中的界面效果如图 5-21 所示。

图 5-21　自动跳转到其他网页

上述代码 writeHead()方法中的第一个参数成为 "Status Code"（状态码），302 表示执行自动网页跳转。表 5-4 列出了常见的状态码及其含义。

表 5-4　常见的状态码

状态码	说明	举例
1**	处理中	100 Continue
2**	成功	200 OK
3**	重定向	300 Multiple Choices
4**	客户端错误	400 Bad Request
5**	服务端错误	500 Internal Server Error

5.4 request 对象

通过 server 对象创建 Web 服务器时，使用了 createServer()方法，其中涉及的参数有 request 对象和 response 对象。response 对象在前面我们已经学习过，接下来学习 request 对象。实际上，在客户端发生请求监听事件时，request 对象就已经触发监听事件了。request 对象中的常用属性如表 5-5 所示。

表 5-5　request 对象中的常用属性

属性名称	说明
method	返回客户端请求方法
url	返回客户端请求 url
headers	返回请求信息头
trailers	返回请求网络
httpVersion	返回 HTTP 版本

5.4.1 GET 请求

GET 请求

通过 request 对象中的 method 属性，可以返回客户端发起的请求方法。客户端请求方法一般有两种，一种是 GET 请求，一种是 POST 请求。如何分辨是哪种请求方法呢？下面通过一个示例来简单演示。具体操作如下。

（1）打开 WebStorm 编辑器，创建 5-7.js 文件，使用 createServer()方法创建 Web 服务器后，在 writeHead()方法中，使用 Location 属性，从地址 http://127.0.0.1:52273 重新定位到地址 http://www.mingrisoft.com/。编写代码如下：

```javascript
// 引入模块
var http = require('http');
// 创建服务器，网页自动跳转
http.createServer(function (request, response) {
    response.writeHead(302, { 'Location': 'http://www.mingrisoft.com/' });
    response.end();
}).listen(52273, function () {
    console.log('服务器监听地址在 http://127.0.0.1:52273');
});
```

（2）将 5-7.js 文件放到 C:\Demo\C5 目录中。

（3）打开 CMD 控制台，进入 C:\Demo\C5 目录中，输入"node 5-7.js"，就可以看到图 5-22 所示的执行结果。

图 5-22　启动服务器

（4）打开浏览器（推荐最新的谷歌浏览器），在地址栏中输入 http://127.0.0.1:52273/后，按〈Enter〉键，浏览器页面没有任何显示，观察 CMD 控制台，可以看到图 5-23 所示的界面。

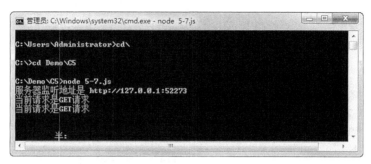

图 5-23　GET 请求

通过浏览器的地址栏输入 url 的方式，都是 GET 请求。POST 请求一般是提交表单时发生的请求方式，比如注册登录等。

5.4.2　POST 请求

POST 请求与 GET 请求还有其他方面的不同，比方说 POST 请求可以向服务端传输更多大容量的数据信息（如音频和视频等），而 GET 请求多数传递短而小的数据信息；POST 请求的方式更安全隐蔽，而 GET 请求则直接可以通过 url 获取。

POST 请求

那么，如何来使用 POST 请求呢？

【例 5-4】 通过一个用户登录的案例学习如何使用 POST 请求。具体操作步骤如下。（实例位置：资源包\MR\源码\第 5 章\5-4）

（1）创建图 5-24 所示的两个文件。在 5-8.js 文件中，使用 Node.js 中的 http 模块，创建 Web 服务器，在 login.html 文件中，通过用户登录提交表单的方式，实现 POST 请求。

login.html　　5-8.js

图 5-24　POST 请求的文件构成

（2）打开 WebStorm 编辑器，创建 5-8.js 文件。编写代码如下：

```
// 引入模块
var http = require('http');
var fs = require('fs');
// 创建服务器
http.createServer(function (request, response) {
    if (request.method == 'GET') {
        // GET请求
        fs.readFile('login.html', function (error, data) {
```

```
                response.writeHead(200, { 'Content-Type': 'text/html' });
                response.end(data);
            });
        } else if (request.method == 'POST') {
            // POST请求
            request.on('data', function (data) {
                response.writeHead(200, { 'Content-Type': 'text/html' });
                response.end('<h1>' + data + '</h1>');
            });
        }
}).listen(52273, function () {
        console.log('服务器监听地址是 http://127.0.0.1:52273');
});
```

（3）再使用 WebStorm 编辑器，创建 login.html 文件，使用<form>标签制作一个用户登录的页面。编写代码如下：

```
<!DOCTYPE html>
<head>
    <meta charset="utf-8">
    <title>用户登录</title>
    <style>
        body {
            font: 13px/20px 'Lucida Grande', Tahoma, Verdana, sans-serif;
            color: #404040;
            background: #0ca3d2;
        }
        .container {
            margin: 80px auto;
            width: 640px;
        }
        /*篇幅原因，此处省略部分CSS代码*/
    </style>
</head>
<body>
<section class="container">
    <div class="login">
        <h1>用户登录</h1>
        <form method="post">
            <p><input type="text" name="login" value="" placeholder="用户名或右键"></p>
            <p><input type="password" name="password" value="" placeholder="密码"></p>
            <p class="remember_me">
                <label>
                    <input type="checkbox" name="remember_me" id="remember_me">
                    记住密码
                </label>
            </p>
            <p class="submit"><input type="submit" name="commit" value="登录"></p>
        </form>
    </div>
</section>
</body>
</html>
```

（4）将 5-8.js 文件和 login.html 文件放到 C:\Demo\C5 目录中。

（5）打开 CMD 控制台，进入 C:\Demo\C5 目录中，输入 "node 5-8.js"，就可以看到图 5-25 所示的执行结果。

图 5-25 启动服务器

（6）打开浏览器（推荐最新的谷歌浏览器），在地址栏中输入 http://127.0.0.1:52273/ 后，按〈Enter〉键，可以看到浏览器中的界面效果如图 5-26 所示。

图 5-26 用户登录界面

（7）在表单中输入用户信息，如用户名是 mingrisoft，密码是 123456，然后单击 "登录" 按钮，可以看到图 5-27 所示的界面效果，通过 POST 请求提交的信息就显示出来了。

图 5-27 用户登录界面

小 结

本章介绍了 Web 应用开发中请求与响应的原理，并且介绍了客户端和服务端的基本概念；介绍了如何使用 http 模块中的 server 对象创建了 Web 服务器，并且详细介绍了如何使用 response 对象和 request 对象实现网页的请求与访问。

上机指导

运用本章所学的内容，读取一张图片的大小。具体操作如下。

（1）创建图 5-28 所示的两个文件。demo.jpg 是服务器要读取的文件，在 test-5.js 文件中，使用 Node.js 中的 http 模块，创建 Web 服务器，然后读取 demo.jpg 文件的大小。

test-5.js   demo.jpg

图 5-28　上机指导的文件构成

（2）打开 WebStorm 编辑器，创建 test-5.js 文件。编写代码如下：

```javascript
var http = require('http');
var fs = require('fs');
// 创建服务器
var server = http.createServer();
var port = 52273;
server.listen(port, function() {
    console.log('启动服务器端口 : %d', port);
});
// 处理客户端请求
server.on('request', function(req, res) {
    console.log('接收到客户端的请求.');
    var filename = 'demo.jpg';
    var infile = fs.createReadStream(filename, {flags: 'r'} );
    var filelength = 0;
    var curlength = 0;
    fs.stat(filename, function(err, stats) {
        filelength = stats.size;
    });
    res.writeHead(200, {"Content-Type": "image/jpg"});
    // 读取文件
    infile.on('readable', function() {
        var chunk;
        while (null !== (chunk = infile.read())) {
            curlength += chunk.length;
            res.write(chunk, 'utf8', function(err) {
                console.log('文件读取进度 : %d, 文件大小 : %d', curlength, filelength);
```

```
                    if (curlength >= filelength) {
                        res.end();
                    }
                });
            }
        });
    });
});
// 关闭服务器
server.on('close', function() {
    console.log('关闭服务器');
});
```

（3）将 test-5.js 文件和 demo.jpg 图片文件放到 C:\Demo\C5 目录中。

（4）打开 CMD 控制台，进入 C:\Demo\C5 目录中，输入 "node test-5.js"，就可以看到图 5-29 所示的执行结果。

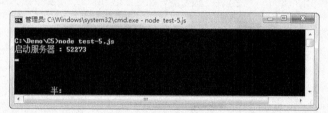

图 5-29　启动服务器

（5）打开浏览器（推荐最新的谷歌浏览器），在地址栏中输入 http://127.0.0.1:52273/后，按〈Enter〉键，可以看到浏览器中的界面效果如图 5-30 所示。

图 5-30　Web 服务器输出图片信息

（6）在 CMD 控制台将显示图 5-31 所示的信息。

图 5-31　CMD 控制台的信息

习 题

5-1　什么是请求与响应？

5-2　什么是客户端和服务端？

5-3　server 对象中的方法主要有哪些？

5-4　GET 请求与 POST 请求有什么区别？

第6章

Web开发中的模板引擎

组装一台计算机，只需要把机箱、鼠标、键盘和显示器等部件组装起来即可，并不需要知道机箱是如何制作的，鼠标和键盘是怎么制造的。用 Node.js 开发 Web 应用也是同样的道理，只需要学会使用别人已经做好的 Web 开发模块即可，至于 Web 开发模块是怎么实现的，对于单纯开发网站的人来说，并不重要。也就是说，一个好的汽车驾驶员，把汽车开好就可以，不一定非要学会如何制造一辆汽车。本章将学习 Web 开发中常用的第三方模块，也就是别人已经开发成熟的 Web 模块。

本章要点

■ 学习如何使用ejs模块动态渲染数据
■ 学习如何使用pug模块动态渲染数据

6.1 ejs 模块

ejs 模块是高效的 JavaScript 模块引擎语言，可以使用 JavaScript 代码生成 HTML 页面。ejs 支持直接在标签内书写简单直白的 JavaScript 代码，只让 JavaScript 输出所需的 HTML 页面，代码后期维护更轻松。下面我们详细学习如何使用 ejs 模块。

6.1.1 ejs 模块的渲染

ejs 模块的渲染主要包括渲染方法和渲染标识两部分，下面分别进行介绍。

1. 渲染方法

首先来介绍，如何让服务器完成从渲染 HTML 文件到渲染 ejs 文件的转变。ejs 中提供了 render() 渲染方法，用于将 ejs 的字符串转换成 HTML 字符串。

语法格式为：

```
render(str,data,potion)
```

其中，参数 str 用于渲染字符串；参数 data 用于指定编码格式；参数 potion 为可选参数，指定一些用于解析模版的变量。

下面通过一个示例，演示一下如何使用 render() 方法。具体操作如下。

（1）创建图 6-1 所示的两个文件。6-1.ejs 文件是 ejs 模板文件，在 6-1.js 文件中，使用 Node.js 中的 http 模块创建 Web 服务器，读取 6-1.ejs 文件的内容，输出给客户端。

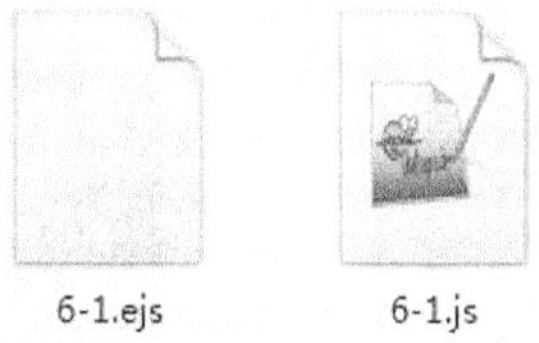

（2）打开 WebStorm 编辑器，创建 6-1.js 文件。编写代码如下：

6-1.ejs   6-1.js

图 6-1 示例的文件构成

```javascript
// 引入模块
var http = require('http');
var fs = require('fs');
var ejs = require('ejs');
// 创建服务器
http.createServer(function (request, response) {
    // 读取ejs模板文件
    fs.readFile('6-1.ejs', 'utf8', function (error, data) {
        response.writeHead(200, { 'Content-Type': 'text/html' });
        response.end(ejs.render(data));
    });
}).listen(52273, function () {
    console.log('服务器监听端口是 http://127.0.0.1:52273');
});
```

上述代码中，经常漏写 utf8，这是初学者常见的错误。

（3）使用 WebStorm 编辑器，创建 6-1.html 文件，然后将 HTML 文件的后缀名改为 ejs，虽然文件后缀是 ejs，但实际上仍是 HTML 内容。编写代码如下：

```html
<!DOCTYPE html>
<html lang="en">
```

```html
<head>
    <meta charset="UTF-8">
    <title>Title</title>
</head>
<body>
    hello, Node.js
</body>
</html>
```

（4）将 6-1.js 文件和 6-1.ejs 文件放到 C:\Demo\C6 目录中，这个目录用于放置第 6 章学习的代码文件。

（5）打开 CMD 控制台，进入 C:\Demo\C6 目录中，输入 "npm install ejs"，将 ejs 模块下载到该目录下，就可以看到图 6-2 所示的执行结果。

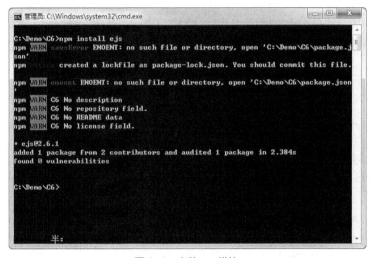

图 6-2　安装 ejs 模块

（6）在 C:\Demo\C6 目录中，输入 "node 6-1.js"，就可以看到图 6-3 所示的执行结果。

图 6-3　启动服务器

（7）打开浏览器（推荐最新的谷歌浏览器），在地址栏中输入 http://127.0.0.1:52273/后，按〈Enter〉键，可以看到浏览器中的界面效果如图 6-4 所示。

2. 渲染标识

通过前面的例子可以发现，使用 render()方法可以将 ejs 文件输出到客户端。实际上 ejs 文件中的内容与 HTML 文件的内容有很多相似的部分，比如都使用 HTML 标签构建页面结构。不同的是，

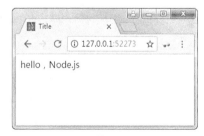

图 6-4　界面执行效果

ejs 文件中有一些特殊的渲染标识，如表 6-1 所示。这些标识可以进行动态数据渲染。

表 6-1　ejs 模块中的渲染标识

标识名称	说明
<% Code%>	输入 JavaScript 代码
<%=Value%>	输出数据，比如字符串和数字等

【例 6-1】 通过给客户端返回轨道交通信息的示例，学习如何使用 ejs 模块中的基本标识。具体操作步骤如下。(实例位置：资源包\MR\源码\第 6 章\6-1)

（1）创建图 6-5 所示的两个文件。6-2.ejs 文件是 ejs 模板文件，在 6-2.js 文件中，使用 Node.js 中的 http 模块创建 Web 服务器，读取 6-2.ejs 文件的内容，输出给客户端。

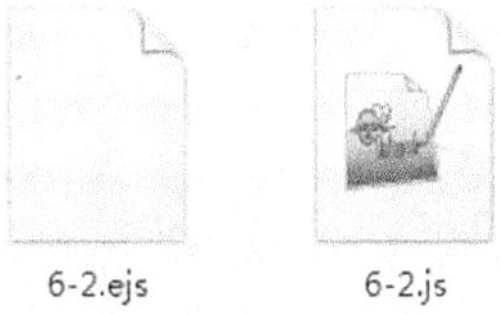

6-2.ejs　　　6-2.js

图 6-5　示例的文件构成

（2）打开 WebStorm 编辑器，创建 6-2.js 文件。编写代码如下：

```javascript
// 引入模块
var http = require('http');
var fs = require('fs');
var ejs = require('ejs');
// 创建服务器
http.createServer(function (request, response) {
    // 读取ejs模板文件
    fs.readFile('6-1.ejs', 'utf8', function (error, data) {
        response.writeHead(200, { 'Content-Type': 'text/html' });
        response.end(ejs.render(data));
    });
}).listen(52273, function () {
    console.log('服务器监听端口是 http://127.0.0.1:52273');
});
```

（3）使用 WebStorm 编辑器创建 6-2.html 文件，然后将 HTML 文件的后缀名改为 ejs。编写代码如下：

```html
<!DOCTYPE html>
<html lang="en">
<head>
    <meta charset="UTF-8">
    <title>轨道交通充值信息</title>
    <style>
    .info{
        margin:0 auto;
        width:300px;
        border: solid  blue 1px;
        color:blue
    }
```

```
    .info h3{
        text-align: center;
        border-bottom:dashed blue 1px
    }
    </style>
</head>
<body>
<% var title='轨道交通充值信息'%>
<% var A='东环城路'%>
<% var B='02390704'%>
<% var C='2018-10-03 11:32:15'%>
<% var D='19.50元'%>
<% var E='100.00元'%>
<% var F='119.50元'%>
<section class="info">
    <h3><%=title%></h3>
    <p>车站名称：<%=A%></p>
    <p>设备编号：<%=B%></p>
    <p>充值时间：<%=C%></p>
    <p>交易前金额：<%=D%></p>
    <p>充值金额：<%=E%></p>
    <p>交易后金额：<%=F%></p>
</section>
</body>
</html>
```

（4）将 6-2.js 文件和 6-2.ejs 文件放到 C:\Demo\C6 目录中。

（5）在 C:\Demo\C6 目录中，输入"node 6-2.js"，就可以看到图 6-6 所示的执行结果。

（6）打开浏览器（推荐最新的谷歌浏览器），在地址栏中输入 http://127.0.0.1:52273/后，按〈Enter〉键，可以看到浏览器中的界面效果如图 6-7 所示。

图 6-6　启动服务器

图 6-7　轨道交通充值信息

6.1.2　ejs 模块的数据传递

　　学会向客户端输出 ejs 文件后，接下来我们学习如何动态地向 ejs 传递数据。在实际的编程中，一般会从数据库中读取数据，然后通过 ejs 中的渲染方法，动态地将数据添加到 ejs 文件中。

ejs 模块的数据传递

【例 6-2】 通过美团外卖单据的示例，学习如何进行 ejs 模块中的数据传递。具体操作步骤如下。(实例位置：资源包\MR\源码\第 6 章\6-2)

（1）创建图 6-8 所示的两个文件。6-3.ejs 文件是 ejs 模板文件，在 6-3.js 文件中，使用 Node.js 中的 http 模块创建 Web 服务器，向 6-3.ejs 文件中动态地渲染数据，输出给客户端。

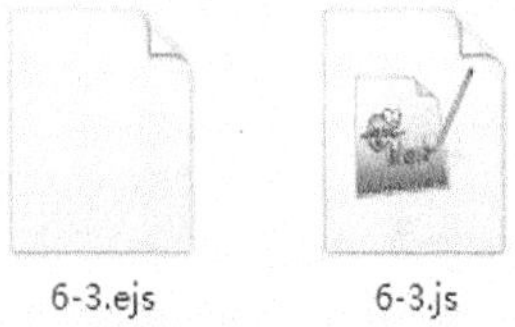

（2）打开 WebStorm 编辑器，创建 6-3.js 文件。使用 render() 方法将属性 No、属性 orderTime 和属性 orderPrice 渲染到 6-3.ejs 文件中。编写代码如下：

6-3.ejs　　　6-3.js

图 6-8　示例的文件构成

```javascript
// 引入模块
var http = require('http');
var fs = require('fs');
var ejs = require('ejs');
// 创建服务器
http.createServer(function (request, response) {
    // 读取ejs模板文件
    fs.readFile('6-3.ejs', 'utf8', function (error, data) {
        response.writeHead(200, { 'Content-Type': 'text/html' });
        response.end(ejs.render(data,{
            No:'221#',
            orderTime:'2018-12-28 12:10',
            orderPrice:[{
            menu:"麻辣烫",
            orderNo:'*1',
            price:'30.00',
        },{
            menu:"可乐",
            orderNo:'*2',
            price:'5.00',
        },{
            menu:"合计",
            orderNo:'',
            price:'40.00',
        }]
        }));
    });
}).listen(52273, function () {
    console.log('服务器监听端口是 http://127.0.0.1:52273');
});
```

（3）使用 WebStorm 编辑器，创建 6-3.html 文件，然后将 HTML 文件的后缀名改为 ejs。在文件中，使用 ejs 渲染标识，将 6-3.js 文件中属性分别放到指定的 HTML 标签中。编写代码如下：

```html
<!DOCTYPE html>
<html lang="en">
<head>
    <meta charset="UTF-8">
    <title>美团外卖</title>
    <style>
        .info{
            margin:0 auto;
```

```
                    width:300px;
                    border: solid  blue 1px;
                    color:blue
            }
        .info h3{
                    text-align: center;
                    border-bottom:dashed blue 1px
        }
        .info p{
                    text-align: center;
                    border-bottom:dashed blue 1px
        }
        .info div{
                    text-align: center;
                    border-bottom:dashed blue 1px
        }
        .info table{
                    margin:0 auto;
                    text-align: center;
                    border-bottom:dashed blue 1px
        }
    </style>
</head>
<body>
<section class="info">
    <h3><%=No%> 美团外卖</h3>
    <p>下单时间: <%=orderTime%></p>
    <div>
        送啥都快<br>
        越吃越帅<br>
    </div>
    <table>
        <tr>
            <td></td>
            <td>数量</td>
            <td>价格</td>
        </tr>
        <%orderPrice.forEach(function(item){%>
        <tr>
            <td><%=item.menu%></td>
            <td><%=item.orderNo%></td>
            <td><%=item.price%></td>
        </tr>
        <% }) %>
    </table>
</section>
</body>
</html>
```

（4）将 6-3.js 文件和 6-3.ejs 文件放到 C:\Demo\C6 目录中。

（5）在 C:\Demo\C6 目录中输入 "node 6-3.js"，就可以看到图 6-9 所示的执行结果。

图 6-9 启动服务器

（6）打开浏览器（推荐最新的谷歌浏览器），在地址栏中输入 http://127.0.0.1:52273/ 后，按〈Enter〉键，可以看到浏览器中的界面效果如图 6-10 所示。

图 6-10 美团外卖票据

6.2 pug 模块

pug 模块在以前的版本中被称为 jade 模块，它也是 Web 开发中的模块引擎。后面将要讲解的 Web 开发框架 Express 主要使用以 pug 模块和 ejs 模块作为 HTML 模板渲染的引擎，所以学习完 ejs 模块后，接下来详细介绍如何使用 pug 模块。

6.2.1 pug 模块的渲染方法

ejs 模块提供了 render() 渲染方法，pug 也同样提供了 compile() 渲染方法，如表 6-2 所示。

pug 模块的渲染方法

表 6-2 pug 模块中的渲染方法

方法名称	说明
compile(string,option)	将 pug 文件中的字符串转换成 HTML 字符串

【例 6-3】 通过给客户端返回微信支付点到点红包的示例，学习如何使用 pug 作为模板的渲染方法。具体操作步骤如下。（实例位置：资源包\MR\源码\第 6 章\6-3）

（1）创建图 6-11 所示的两个文件。6-4.pug 文件是 pug 模板文件，在 6-4.js 文件中，使用 Node.js 中的

http 模块创建 Web 服务器，读取 6-4.pug 文件的内容，输出给客户端。

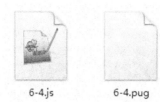

6-4.js   6-4.pug

图6-11　示例的文件构成

（2）打开 WebStorm 编辑器，创建 6-4.js 文件。编写代码如下：

```
// 引入模块
var http = require('http');
var pug = require('pug');
var fs = require('fs');
// 创建服务器
http.createServer(function (request, response) {
    // 读取pug文件
    fs.readFile('6-4.pug', 'utf8', function (error, data) {
        // 调用pug模块的compile方法
        var fn = pug.compile(data);
        // 返回给客户端信息
        response.writeHead(200, { 'Content-Type': 'text/html' });
        response.end(fn());
    });
}).listen(52273, function () {
    console.log('服务器监听地址是 http://127.0.0.1:52273');
});
```

（3）使用 WebStorm 编辑器创建 6-4.html 文件，然后将 html 文件的后缀名改为 pug。编写代码如下：

```
doctype html
html
  head
    meta(charset="UTF-8")
    title 微信支付
  body
    div(style={margin:'0 auto',width:'300px',border:'solid blue 1px',color:'blue'})
      h3(style={'border-bottom':'dashed blue 1px','text-align':'center'}) 恭喜你获得微信
支付点到点红包
      p(style={'border-bottom':'dashed blue 1px','text-align':'center'}) ￥0.11元
      div(style={'text-align':'center'}) 已存入卡包，下次消费可抵扣现金
      br/
      div(style={'text-align':'center'}) 微众银行助力智慧生活
```

如同 ejs 模块中存在将 HTML 标签转换的方式，pug 模块中同样也存在 HTML 标签转换方式。pug 文件中 HTML 标签转换的基本方式如图6-12所示。

```
1    doctype html
2    html
3      head
4        meta(charset="UTF-8")
5        title 微信支付
6      body
7        h1
8        h2
9        hr
10       a
11
```

图 6-12   pug 文件的 HTML 转换基本样式

（4）将 6-4.js 文件和 6-4.pug 文件放到 C:\Demo\C6 目录中。

（5）打开 CMD 控制台，进入 C:\Demo\C6 目录中，输入 "npm install pug"，将 pug 模块下载到该目录下，就可以看到图 6-13 所示的执行结果。

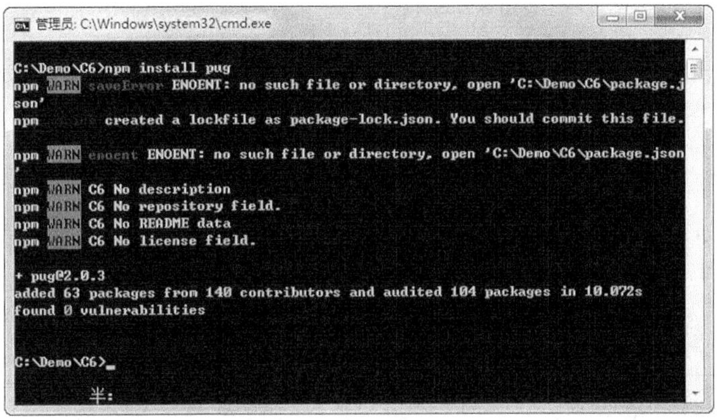

图 6-13   安装 pug 模块

（6）在 C:\Demo\C6 目录中，输入 "node 6-4.js"，就可以看到图 6-14 所示的执行结果。

（7）打开浏览器（推荐最新的谷歌浏览器），在地址栏中输入 http://127.0.0.1:52273/后，按〈Enter〉键，可以看到浏览器中的界面效果如图 6-15 所示。

图 6-14   启动服务器   图 6-15   微信支付点到点红包

6.2.2   pug 模块的数据传递

ejs 模块中提供了一些特殊的渲染标识，同样，在 pug 模块中，也有动态渲染数据的标识，如表 6-3 所示。

pug 模块的数据传递

表6-3　pug 模块中的渲染标识

标识名称	说明
−Code	输入 JavaScript 代码
#{Value}	输出数据，比如字符串和数字等
=Value	输出数据，比如字符串和数字等

> **【例6-4】** 通过一个手机账单提醒的示例，学习如何进行 pug 模块中的数据传递。具体操作步骤如下。（实例位置：资源包\MR\源码\第 6 章\6-4）

（1）创建图 6-16 所示的两个文件。6-5.pug 文件是 pug 模板文件，在 6-5.js 文件中，使用 Node.js 中的 http 模块创建 Web 服务器，向 6-5.pug 文件中动态地渲染数据，输出给客户端。

6-5.js　　　　6-5.pug

图 6-16　示例的文件构成

（2）打开 WebStorm 编辑器，创建 6-5.js 文件。使用 compile() 方法，将 month、tel 和 sendTime 等属性渲染到 6-5.pug 文件中。编写代码如下：

```
// 引入模块
var http = require('http');
var pug = require('pug');
var fs = require('fs');
// 创建服务器
http.createServer(function (request, response) {
    // 读取pug文件
    fs.readFile('6-5.pug', 'utf8', function (error, data) {
        // 调用compile方法
        var fn = pug.compile(data);
        // 向客户端返回信息
        response.writeHead(200, { 'Content-Type': 'text/html' });
        response.end(fn({
            month: '2018年10月',
            tel: '130****4589',
            sendTime: '10月1日到10月31日',
            nowPrice: '13.00元',
            monthPrice: '13.00元'
        }));
    });
}).listen(52273, function () {
    console.log('服务器监听地址是 http://127.0.0.1:52273');
});
```

（3）使用 WebStorm 编辑器创建 6-5.html 文件，然后将 html 文件的后缀名改为 pug。在文件中，使用 pug 渲染标识，将 6-5.js 文件中的属性分别放到指定的 HTML 标签中。编写代码如下：

```
doctype html
html
  head
    meta(charset="UTF-8")
    title 手机账单提醒
  body
    div(style={margin:'0 auto',width:'300px',border:'solid blue 1px',color:'blue'})
      h3(style={'border-bottom':'dashed blue 1px','text-align':'center'}) 手机账单提醒
      p 月份：##{month}
      p 手机号：##{tel}
      p 账单时间：##{sendTime}
      p 本期消费：##{nowPrice}
      p 月固定费：##{monthPrice}
```

（4）将 6-5.js 文件和 6-5.pug 文件放到 C:\Demo\C6 目录中。

（5）在 C:\Demo\C6 目录中，输入 "node 6-5.js"，就可以看到图 6-17 所示的执行结果。

图 6-17　启动服务器

（6）打开浏览器（推荐最新的谷歌浏览器），在地址栏中输入 http://127.0.0.1:52273/后，按〈Enter〉键，可以看到浏览器中的界面效果如图 6-18 所示。

图 6-18　手机账单提醒

小　结

本章介绍了 ejs 模块中的渲染方法 render()，并且介绍了通过 ejs 模块中的渲染标识，将数据动态渲染到 ejs 文件中；介绍了 pug 模块中的渲染方法 compile()，以及使用 pug 模块中的渲染标识将数据动态渲染到 pug 文件中。ejs 模块和 pug 模块的学习将为后面学习 Express 框架打下良好的基础。

103

上机指导

使用 ejs 模块，将晚会节目单返回给客户端，要求将数据动态渲染到 ejs 文件中。

具体操作如下。

（1）创建图 6-19 所示的两个文件。test-6.ejs 文件是 ejs 模板文件，在 test-6.js 文件中，使用 Node.js 中的 http 模块创建 Web 服务器，向 test-6.ejs 文件中动态地渲染数据，输出给客户端。

test-6.ejs

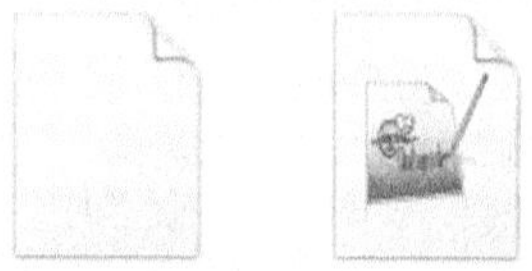

test-6.js

图 6-19　上机指导的文件构成

（2）打开 WebStorm 编辑器，创建 test-6.js 文件。编写代码如下：

```
// 引入模块
var http = require('http');
var fs = require('fs');
var ejs = require('ejs');
// 创建服务器
http.createServer(function (request, response) {
    // 读取ejs模板文件
    fs.readFile('test-6.ejs', 'utf8', function (error, data) {
        response.writeHead(200, { 'Content-Type': 'text/html' });
        response.end(ejs.render(data,{
            programList:[{
                No:"1",
                name:'开场歌舞《万紫千红中国年》',
                people:'凤凰传奇',
            },{
                No:"2",
                name:'魔术',
                people:'李宁',
            },{
                No:"3",
                name:'小品《真假老师》',
                people:'贾玲，白凯南',
            }]
        }));
    });
}).listen(52273, function () {
    console.log('服务器监听端口是 http://127.0.0.1:52273');
});
```

（3）将 test-6.js 文件和 test-6.ejs 图片文件放到 C:\Demo\C6 目录中。

（4）打开 CMD 控制台，进入 C:\Demo\C6 目录中，输入"node test-6.js"，就可以看到图 6-20 所示的执行结果。

图 6-20　启动服务器

（5）打开浏览器（推荐最新的谷歌浏览器），在地址栏中输入 http://127.0.0.1:52273/后，按〈Enter〉键，可以看到浏览器中的界面效果如图 6-21 所示。

图 6-21　晚会节目单的界面效果

习 题

6-1　ejs 文件的渲染方法是什么？

6-2　ejs 模块中的渲染标识是什么？

6-3　pug 文件的渲染方法是什么？

6-4　pug 模块中的渲染标识是什么？

第7章

Node.js中的文件操作

本章要点

- 学习如何使用Node.js进行系统文件的基本操作
- 学习如何使用Node.js进行系统文件的目录操作

Web 应用服务的开发经常会涉及系统文件的操作。Node.js 可以对系统的文件进行操作，比如文件的读取和写入、目录的创建和读取等。在 Node.js 中使用 file system 模块进行系统文件的操作，本章将详细讲解如何使用 file system 模块。

7.1 文件基本操作

使用 file system 模块之前,应首先将它引入进来。该模块的名称为 fs,还是使用 require() 方法引入,具体代码如下:

```
var fs=require('fs');
```

7.1.1 文件读取

file system 模块内置了很多方法进行系统文件的操作。这里主要列举文件读取和写入的方法,如表 7-1 所示。

文件读取

表 7-1   file system 模块中文件读取和写入的方法

方法名称	说明
readFile(file,encoding,callback)	文件异步读取
readFileSync(file,encoding)	文件同步读取
writeFile(file,encoding,callback)	文件异步写入
writeFileSync(file,data,encoding)	文件同步写入

下面通过一个示例,演示文件读取的方法。具体操作如下。

(1)创建图 7-1 所示的两个文件。demo.txt 文件中有一段文本内容 "hello,Node.js",在 7-1.js 文件中,使用 file system 模块将 demo.txt 文本中的内容读取出来。

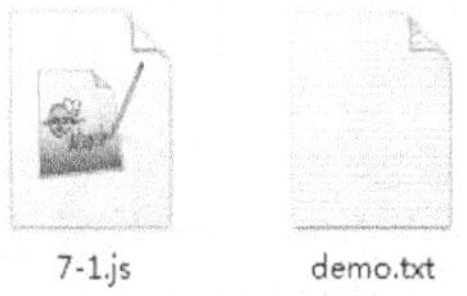

7-1.js   demo.txt

(2)打开 WebStorm 编辑器,创建 7-1.js 文件。编写代码如下:

图 7-1   示例的文件构成

```
// 引入模块
var fs = require('fs');
// 使用readFileSync方法
var text = fs.readFileSync('demo.txt', 'utf8');
console.log(text);
```

(3)将 7-1.js 文件和 demo.txt 文件放到 C:\Demo\C7 目录中,这个目录用于放置第 7 章学习的代码文件。

(4)打开 CMD 命令,进入 C:\Demo\C7 目录中,输入 "node 7-1.js",就可以看到图 7-2 所示的执行结果。

图 7-2   读取 demo.txt 文件中的内容(同步)

上面的例子中,我们使用的是同步方法读取文件。方法名中具有 Sync 后缀的方法均是同步方法,不具有 Sync 后缀的方法均是异步方法。同步方法立即返回操作结果,在使用同步方法执行的操作结果之前,不能执行后续代码。具体代码如下:

```
// 引入模块
var fs = require('fs');
```

```
// 使用readFileSync方法
var text = fs.readFileSync('demo.txt', 'utf8');
// 等待操作返回结果，然后利用该结果
console.log(text);
```

而异步方法将操作结果作为回调函数的参数进行返回，在方法调用之后，可以立即执行后续代码。具体代码如下：

```
// 引入模块
var fs = require('fs');
// 使用readFile方法
fs.readFile('demo.txt', 'utf8', function (error, data) {
    // 操作结果作为回调函数的第二个参数返回
    console.log(data);
});
```

在大多数情况下，应该调用异步方法，但是在很少的场景中，比如读取配置文件启动服务器的操作中，应该使用同步方法。

7.1.2 文件写入

文件写入 文件写入时，使用的是 writeFile()方法和 writeFileSync()方法。下面通过一个示例，演示文件写入的操作方法。

（1）打开 WebStorm 编辑器，创建 7-2.js 文件。编写代码如下：

```
// 引入模块
var fs = require('fs');
// 声明变量
var data = 'Hello World .. !';
// 使用模块
fs.writeFile('FileWrite.txt', data, 'utf8', function (error) {
    console.log('异步写入文件完成');
});
fs.writeFileSync('FileWriteSync.txt', data, 'utf8');
console.log('同步写入文件完成! ');
```

（2）将 7-2.js 文件放到 C:\Demo\C7 目录中。

（3）打开 CMD 命令，进入 C:\Demo\C7 目录中，输入"node 7-2.js"，就可以看到图 7-3 所示的执行结果。

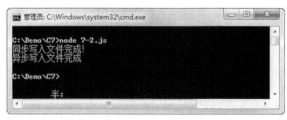

图 7-3　写入文件

可以发现，同时使用同步方法和异步方法写入文件，在 C:\Demo\C7 目录中会创建两个写入的文件。同时在 CMD 控制台中可以发现，异步文件的操作不影响后面同步文件的操作。

学会如何向客户端输出 ejs 文件后，接下来我们学习如何动态地向 ejs 传递数据。在实际编程中，一般会从数据库中读取数据，然后通过 ejs 中的渲染方法，动态地将数据添加到 ejs 文件中。

7.1.3 异常处理

异常处理

前面学习了文件读取和写入的操作方法,在实际编程中,经常会出现一些异常情况。比如,读取文件时,发现文件并不存在;读取文件时,发现读取的文件路径有误等。出现这些情况会导致程序直接崩溃。所以,无论是异步方法,还是同步方法,都需要对这些异常情况进行处理。

1. 同步操作

使用同步方法进行文件操作时,使用 try-catch 语句进行异常处理。示例代码如下:

```
// 引入模块
var fs = require('fs');
// 文件读取
try {
    var data = fs.readFileSync('textfile.txt', 'utf8');
    console.log(data);
} catch (e) {
    console.log(e);
}
// 文件写入
try {
    fs.writeFileSync('textfile.txt', 'Hello World .. !', 'utf8');
    console.log('FILE WRITE COMPLETE');
} catch (e) {
    console.log(e);
}
```

2. 异步操作

使用异步方法进行文件操作时,使用 if-else 语句进行异常处理。示例代码如下:

```
// 引入模块
var fs = require('fs');
// 文件读取
fs.readFile('textfile.txt', 'utf8', function (error, data) {
    if (error) {
        console.log(error);
    } else {
        console.log(data);
    }
});
// 文件写入
fs.writeFile('textfile.txt', 'Hello World .. !', 'utf8', function (error) {
    if (error) {
        console.log(error);
    } else {
        console.log('FILE WRITE COMPLETE');
    }
});
```

7.2 文件的其他操作

file system 模块还提供了很多其他的文件操作方法,这里主要讲解截取文件、删除文件和复制文件的操作方法。

7.2.1 截取文件

截取文件

在 file system 模块中，可以使用 truncate() 方法对文件进行截取操作，所谓截取是指先清除文件的内容，然后修改文件尺寸。truncate() 方法的语法格式如下：

```
truncate(filename,len,callback)
```

truncate() 方法有三个参数，其中 filename 参数用于指定需要截取文件的完整文件路径及文件名；len 参数是一个整数数值，用于指定截取后的文件尺寸（以字节为单位）；callback 参数用于指定截取文件操作完毕时执行的回调函数，该回调函数中使用一个参数，参数值为截取文件操作失败时触发的错误对象。

下面通过一个示例，演示截取文件的方法。具体操作如下。

（1）创建图 7-4 所示的两个文件。demo-3.txt 文件中有一段文本内容"我喜爱编程"，在 7-3.js 文件中，使用 truncate() 方法对 demo-3.txt 进行截取操作。

图 7-4　示例的文件构成

（2）打开 WebStorm 编辑器，创建 7-3.js 文件。编写代码如下：

```
// 引入模块
var fs=require('fs');
fs.truncate('./demo-3.txt',10,function(err){
    if(err) console.log('对文件进行截取操作失败。');
    else{
        fs.stat('./demo-3.txt',function(err,stats){
            console.log('文件尺寸为：'+stats.size+'字节。');
        });
    }
});
```

（3）将 7-3.js 文件和 demo-3.txt 文件放到 C:\Demo\C7 目录中。

（4）打开 CMD 命令，进入 C:\Demo\C7 目录中，输入"node 7-3.js"，就可以看到图 7-5 所示的执行结果。

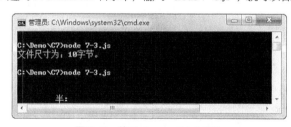

图 7-5　截取 demo-3.txt 文件

7.2.2 删除文件

删除文件

在 file system 模块中，可以使用 unlink() 方法对文件进行删除，其语法格式如下：

```
unlink(path,callback)
```

unlink() 方法有 2 个参数，其中 path 参数用于指定删除文件的路径；callback 参数用于回调函数，在指定回调函数时，没有参数。

下面通过一个示例，演示删除文件的方法。具体操作如下。

（1）创建图 7-6 所示的两个文件。demo-4.txt 文件中有一段文本内容"明日科技"，在 7-4.js 文件中，使用 unlink() 方法对 demo-4.txt 文件进行删除操作。

（2）打开 WebStorm 编辑器，创建 7-4.js 文件。编写代码如下：

```
// 引入模块
var fs = require("fs");
console.log("准备删除文件！");
fs.unlink('demo-4.txt', function(err) {
    if (err) {
        return console.error(err);
    }
    console.log("文件删除成功！");
});
```

（3）将 7-4.js 文件和 demo-4.txt 文件放到 C:\Demo\C7 目录中。

（4）打开 CMD 命令，进入 C:\Demo\C7 目录中，输入 "node 7-4.js"，就可以看到图 7-7 所示的执行结果。

7-4.js   demo-4.txt

图 7-6　示例的文件构成

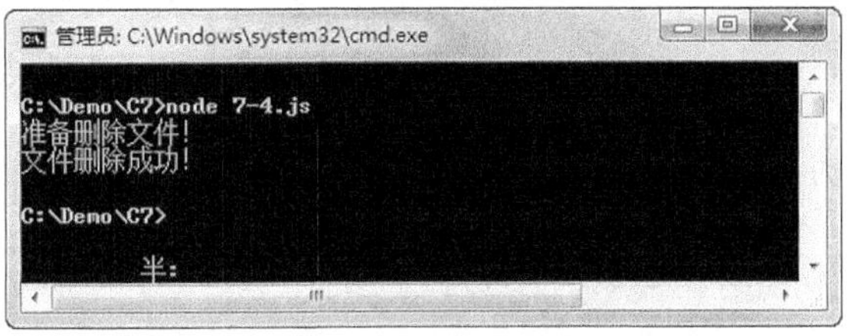

图 7-7　删除 demo-4.txt 文件

7.2.3　复制文件

在操作文件的过程中，有时需要将一个文件中的内容读取出来，写入到另一个文件中，这个过程就是文件复制的过程。file system 模块中没有直接提供文件复制的方法，但是学习了文件写入和文件读取，就可以完成文件复制的操作。

下面通过一个示例，演示复制文件的方法。具体操作如下。

（1）创建图 7-8 所示的两个文件。在 7-5.js 文件中，使用代码将 demo-5.txt 文件进行复制。

（2）打开 WebStorm 编辑器，创建 7-5.js 文件。编写代码如下：

复制文件

7-5.js   demo-5.txt

图 7-8　示例的文件构成

```
// 引入模块
var fs = require('fs');
//读取demo-5.txt文件数据
fs.readFile('C:/Demo/C7/demo-5.txt', function(err, data) {
    if (err) {
        return console.log('读取文件失败了');
    }
    //将数据写入demo-5-copy.txt文件
    fs.writeFile('C:/Demo/C7/demo-5-copy.txt', data.toString(), function(err) {
        if (err) {
            return console.log('写入文件失败了');
        }
    });
    console.log('文件复制成功了');
});
```

（3）将 7-5.js 文件和 demo-5.txt 文件放到 C:\Demo\C7 目录中。

（4）打开 CMD 命令，进入 C:\Demo\C7 目录中，输入 "node 7-5.js"，就可以看到图 7-9 所示的执行结果。

【例 7-1】 下面介绍一个 CMD 控制台的歌词滚动播放器案例。通过这个案例，进一步巩固文件读取与写入的相关操作。具体操作步骤如下。（实例位置：资源包\MR\源码\第 7 章\7-1）

（1）创建图 7-10 所示的两个文件。song.txt 文件是歌词文件，7-6.js 文件通过代码将 song.txt 文件中的内容在 CMD 控制台里以固定的时间一句一句输出歌词内容。

图 7-9 复制 demo-5.txt 文件

图 7-10 示例的文件构成

（2）打开 WebStorm 编辑器，创建 7-6.js 文件。编写代码如下：

```javascript
// 引入模块
var fs = require('fs');
//读取歌词文件
fs.readFile('./song.txt', function (err, data) {
    if (err) {
        return console.log('读取歌词文件失败了');
    }
    data = data.toString();
    var lines = data.split('\n');
    // 遍历所有行，通过正则匹配里面的时间，解析出毫秒
    // 筛选出里面的时间和里面的内容
    var reg = /\[(\d{2})\:(\d{2})\.(\d{2})\]\s*(.+)/;
    for (var i = 0; i < lines.length; i++) {
        (function(index) {
            var line = lines[index];
            var matches = reg.exec(line);
            if (matches) {
                // 获取分
                var m = parseFloat(matches[1]);
                // 获取秒
                var s = parseFloat(matches[2]);
                // 获取毫秒
                var ms = parseFloat(matches[3]);
                // 获取定时器中要输出的内容
                var content = matches[4];
                // 将分+秒+毫秒转换为毫秒
                var time = m * 60 * 1000 + s * 1000 + ms;
                //使用定时器，让每行内容在指定的时间输出
                setTimeout(function() {
                    console.log(content);
                }, time);
            }
        })(i);
    }
});
```

在上述代码中，for 循环中所有的内容都放在了匿名函数中，并且该匿名函数需要自动执行，这样在执行该文件时，保证了每次循环都会输出一句歌词。

（3）将 7-6.js 文件和 song.txt 文件放到 C:\Demo\C7 目录中。

（4）打开 CMD 命令，进入 C:\Demo\C7 目录中，输入 "node 7-6.js"，就可以看到图 7-11 所示的执行结果。

图 7-11　循环输出歌词

7.3　目录常用操作

创建目录

7.3.1　创建目录

在 file system 模块中，可以使用 mkdir() 方法创建目录，其语法格式如下：

```
mkdir(path[,options],callback)
```

mkdir() 方法有三个参数，其中 path 参数与 callback 参数为必须输入的参数，option 参数为可选参数。path 参数用于指定需要被创建的目录的完整路径及目录名；option 参数值用于指定该目录的权限，默认值为 0777（表示任何人可读写该目录）；callback 参数用于指定创建目录操作完毕时调用的回调函数，该回调函数中使用一个参数，参数值为创建目录操作失败时触发的错误对象。

下面通过一个示例，演示创建目录的方法。具体操作如下。

（1）打开 WebStorm 编辑器，创建 7-7.js 文件。编写代码如下：

```
// 引入模块
var fs=require('fs');
fs.mkdir('./test',function(err){
    if(err) console.log("创建目录操作失败。");
    else console.log("创建目录操作成功。");
});
```

（2）将 7-7.js 文件放到 C:\Demo\C7 目录中。

（3）打开 CMD 命令，进入 C:\Demo\C7 目录中，输入 "node 7-7.js"，就可以看到图 7-12 所示的执行结果。

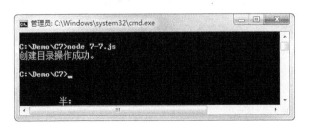

图 7-12　创建目录

7.3.2 读取目录

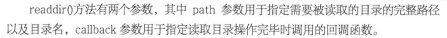

在 file system 模块中，可以使用 readdir() 方法读取目录，其语法格式如下：

```
readdir(path,callback)
```

readdir() 方法有两个参数，其中 path 参数用于指定需要被读取的目录的完整路径以及目录名，callback 参数用于指定读取目录操作完毕时调用的回调函数。

下面通过一个示例，演示读取目录的方法。具体操作如下。

（1）打开 WebStorm 编辑器，创建 7-8.js 文件。编写代码如下：

```javascript
// 引入模块
var fs=require('fs');
fs.readdir('./',function(err,files){
    if(err) console.log('读取目录操作失败。');
    else console.log(files);
});
```

（2）将 7-8.js 文件放到 C:\Demo\C7 目录中。

（3）打开 CMD 命令，进入 C:\Demo\C7 目录中，输入"node 7-8.js"，就可以看到图 7-13 所示的执行结果。

图 7-13　读取目录

7.3.3 删除空目录

在 file system 模块中，可以使用 rmdir() 方法删除空目录，其语法格式如下：

```
rmdir(path,callback)
```

rmdir() 方法有两个参数，其中 path 参数用于指定需要被删除目录的完整路径以及目录名；callback 参数用于指定删除目录操作完毕时调用的回调函数。

下面通过一个示例，演示删除目录的方法。具体操作如下。

（1）创建图 7-14 所示的两个文件。test 文件夹是一个空目录，在 7-9.js 文件中，使用 rmdir()方法对 test 空目录进行删除操作。

（2）打开 WebStorm 编辑器，创建 7-9.js 文件。编写代码如下：

test   7-9.js

图 7-14　示例的文件构成

```
// 引入模块
var fs=require('fs');
fs.rmdir('./test',function(err){
    if(err) console.log('删除空目录操作失败。');
    else console.log('删除空目录操作成功。');
});
```

（3）将 7-9.js 文件和 test 文件夹放到 C:\Demo\C7 目录中。

（4）打开 CMD 命令，进入 C:\Demo\C7 目录中，输入"node 7-9.js"，就可以看到图 7-15 所示的执行结果。

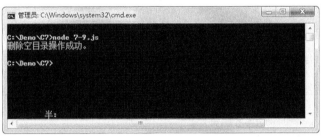

图 7-15　删除空目录

7.3.4　查看目录信息

在 file system 模块中，可以使用 stat()方法或者 lstat()方法查看目录信息，具体说明如表 7-2 所示。

查看目录信息

表 7-2　查看目录信息的方法

方法名称	说明
stat(path,callback)	查看目录信息
lstat(path,callback)	查看目录信息

在 stat()或 lstat()方法中，均使用两个参数，其中 path 参数用于指定需要被查看的目录的完整路径以及目录名，callback 参数用于指定查看目录操作完毕时调用的回调函数。

下面通过一个示例，演示查看目录的方法。具体操作如下。

（1）打开 WebStorm 编辑器，创建 7-10.js 文件。编写代码如下：

```
// 引入模块
var fs=require('fs');
fs.stat('./',function(err,stats){
    console.log(stats);
});
```

（2）将 7-10.js 文件放到 C:\Demo\C7 目录中。

（3）打开 CMD 命令，进入 C:\Demo\C7 目录中，输入"node 7-10.js"，就可以看到图 7-16 所示的执行结果。

图 7-16　查看目录信息

从返回的结果中，可以看到很多属性信息，关于这些属性信息的说明如表 7-3 所示。

表 7-3　目录信息的属性信息

属性名称	说明
dev	表示文件或目录所在的设备 ID
ino	表示文件或目录的索引编号
mode	表示文件或目录的权限
nlink	表示文件或目录的硬连接数量
uid	表示文件或目录的所有者的用户 ID
rdev	表示字符设备文件或块设备文件所在的设备 ID
size	表示文件或目录的尺寸（即文件中的字节数）
atime	表示文件的访问时间
mtime	表示文件的修改时间
ctime	表示文件的创建时间

7.3.5　检查目录是否存在

在 file system 模块中，可以使用 exists()方法检查目录是否存在。语法格式如下：

```
exists(path,callback)
```

exists()方法有两个参数，其中 path 参数用于指定需要被检查的目录的完整路径以及目录名，callback 参数用于指定检查目录操作完毕时调用的回调函数。

检查目录是否存在

下面通过一个示例，演示检查目录是否存在的方法。具体操作如下。

（1）打开 WebStorm 编辑器，创建 7-11.js 文件。编写代码如下：

```
// 引入模块
var fs=require('fs');
fs.exists('./test',function(exists){
    if(exists)
        console.log('该文件存在。');
    else
```

```
        console.log('该文件不存在。');
})
```

（2）将 7-11.js 文件放到 C:\Demo\C7 目录中。

（3）打开 CMD 命令，进入 C:\Demo\C7 目录中，输入 "node 7-11.js"，就可以看到图 7-17 所示的执行结果。

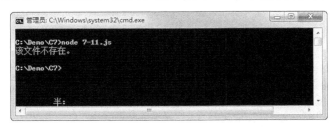

图 7-17　检查目录是否存在

7.3.6　获取目录的绝对路径

在 file system 模块中，可以使用 realpath() 方法获取一个目录的绝对路径，其语法格式如下：

```
realpath(path,[cache],callback)
```

realpath() 方法有 3 个参数，其中 path 参数与 callback 参数为必须指定的参数，cache 参数为可选参数。path 参数用于指定需要查看的目录的完整路径；cache 参数值是一个对象，其中存放了一些预先指定的路径；callback 参数用于指定获取目录绝对路径操作完毕时调用的回调函数。

获取目录的绝对
路径

下面通过一个示例，演示获取目录绝对路径的方法。具体操作如下。

（1）打开 WebStorm 编辑器，创建 7-12.js 文件。编写代码如下：

```
// 引入模块
var fs=require('fs');
fs.realpath('./',function(err,resolvedPath) {
    if (err) throw err;
    console.log(resolvedPath);
});
```

（2）将 7-12.js 文件放到 C:\Demo\C7 目录中。

（3）打开 CMD 命令，进入 C:\Demo\C7 目录中，输入 "node 7-12.js"，就可以看到图 7-18 所示的执行结果。

图 7-18　获取目录的绝对路径

小　结

本章介绍了 Node.js 中系统文件的常用操作方法。介绍了文件的基本操作（文件的读取与写入，出现异常如何处理）；介绍了文件的其他操作（截取文件、删除文件和复制文件）；介绍了有关目录的常用操作（创建目录、读取目录和删除空目录等等），这些将为后面的 Web 应用开发打下基础。

上机指导

使用 file system 模块创建一个目录后，再删除这个目录。

具体操作如下。

（1）打开 WebStorm 编辑器，创建 test-7.js 文件。编写代码如下：

```
//引入模块
var fs = require('fs');
fs.mkdir('./docs', 0666, function(err) {
    if (err) throw err;
    console.log('docs文件夹创建完毕! ');
    fs.rmdir('./docs', function(err) {
        if (err) throw err;
        console.log('docs文件夹删除完毕! ');
    });
});
```

（2）将 test-7.js 文件放到 C:\Demo\C7 目录中。

（3）打开 CMD 命令，进入 C:\Demo\C7 目录中，输入"node test-7.js"，就可以看到图 7-19 所示的执行结果。

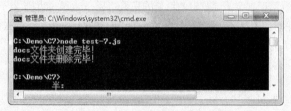

图 7-19　上机指导的执行效果

习 题

7-1　请分别写出文件读取和文件写入的方法名称。

7-2　请分别写出截取文件和删除文件的方法名称。

7-3　请分别写出创建目录、读取目录和删除空目录的方法名称。

第8章

express模块

本章要点

- 学习express模块的基本使用方法
- 学习express模块中间件的基本使用方法

在前面的章节中，我们已经学习了如何使用 http 模块创建 Web 服务器。接下来，本章要学习的 express 模块，是在 http 模块的基础上将更多 Web 开发服务的功能封装起来的一个模块。目前使用 Node.js 开发 Web 服务的技术中，普遍使用的都是 express 模块。本章从认识 expres 模块开始学起，后面第 10 章将详细介绍 Express 框架。

8.1 认识 express 模块

express 模块与 http 模块很相似，都可以创建服务器。不同的是 express 模块将更多功能封装起来，让 Web 应用开发更加便捷。下面，我们来学习如何使用 express 模块创建 Web 服务器，以及 express 模块中请求和响应的方法。

8.1.1 创建 Web 服务器

创建 Web 服务器

因为 express 模块是外部的第三方模块，首先需要使用 npm 命令下载 express 模块。具体命令如下：

```
npm install express@4
```

express 模块的版本变化非常快，本书将使用目前比较稳定的 4.×.× 版本。

express 模块安装完后，我们学习一下如何创建一个 Web 服务器。具体操作如下。

（1）打开 WebStorm 编辑器，创建 8-1.js 文件。引入 express 模块后，使用 express()方法创建一个 Web 服务器，然后通过 use()方法，监听请求与响应事件。编写代码如下：

```javascript
// 引入express模块
var express = require('express');
// 创建服务器
var app = express();
// 监听请求事件
app.use(function (request, response) {
    response.writeHead(200, { 'Content-Type': 'text/html' });
    response.end('<h1>Hello express</h1>');
});
// 启动服务器
app.listen(52273, function () {
    console.log("服务器监听地址是 http://127.0.0.1:52273");
});
```

（2）将 8-1.j 文件放到 C:\Demo\C8 目录中，这个目录用于放置第 8 章学习的代码文件。

（3）打开 CMD 控制台，进入 C:\Demo\C8 目录，输入"node 8-1.js"，就可以看到图 8-1 所示的执行结果。

（4）打开浏览器（推荐最新的谷歌浏览器），在地址栏中输入 http://127.0.0.1:52273/后，按〈Enter〉键，可以看到图 8-2 所示的界面效果。

图 8-1 启动服务器

图 8-2 客户端响应信息

8.1.2 express 模块中的响应对象

使用 express 模块创建 Web 服务器后，express 模块提供了 request 对象和 response 对象来完成客户端的请求操作和服务端的响应操作。下面首先来介绍 response 对象中的方法，如表 8-1 所示。

表 8-1　response 对象中的方法

方法名称	说明
response.send([body])	根据参数类型，返回对应数据
response.json([body])	返回 JSON 数据
response.jsonp([body])	返回 JSONP 数据
response.redirect([status,]path)	强制跳转到指定页面

这里以 response.send([body]) 方法为例，使用 send() 方法，根据参数数据类型的不同，向客户端响应不同的数据。参数类型如表 8-2 所示。

表 8-2　send() 方法中的参数

数据类型	说明
字符串	HTML
数组	JSON
对象	JSON

> 【例 8-1】 使用 express 模块向客户端响应数组信息。具体操作步骤如下。（实例位置：资源包\MR\源码\第 8 章\8-1）

（1）打开 WebStorm 编辑器，创建 8-2.js 文件。引入 express 模块后，使用 express() 方法创建一个 Web 服务器，然后再用 use() 方法创建数组输出到客户端。编写代码如下：

```javascript
// 引入express模块
var express = require('express');
// 创建服务器
var app = express();
// 监听请求与响应
app.use(function (request, response) {
    // 创建数组
    var output = [];
    for (var i = 0; i < 3; i++) {
        output.push({
            count: i,
            name: 'name - ' + i
        });
    }
    // 响应信息
    response.send(output);
});
// 启动服务器
app.listen(52273, function () {
    console.log('服务器监听地址在 http://127.0.0.1:52273');
});
```

（2）将8-2.j 文件放到 C:\Demo\C8 目录中。

（3）打开 CMD 控制台，进入 C:\Demo\C8 目录，输入"node 8-2.js"，就可以看到图8-3 所示的执行结果。

（4）打开浏览器（推荐最新的谷歌浏览器），在地址栏中输入 http://127.0.0.1:52273/后，按〈Enter〉键，可以看到图8-4 所示的界面效果。

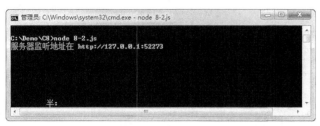

图 8-3　启动服务器

图 8-4　客户端响应数组信息

8.1.3　express 模块中的请求对象

express 模块中也使用了 request 对象，封装了客户端请求的属性和方法，具体如表8-3 所示。

express 模块中的请求对象

表 8-3　request 对象中的属性和方法

属性/方法名称	说明
params	返回路由参数
query	返回请求变量
headers	返回请求头信息
header()	设置请求头信息
accepts(type)	判断请求 accept 属性信息
is(type)	判断请求 Content-Type 属性信息

【例 8-2】 使用 request 对象中的 header()方法，判断当前请求用户使用浏览器的类型，具体操作步骤如下。（实例位置：资源包\MR\源码\第 8 章\8-2）

（1）打开 WebStorm 编辑器，创建 8-3.js 文件。引入 express 模块后，使用 express()方法创建一个 Web 服务器，然后再用 use()方法，通过 request.header("User-Agent")，输出请求客户端的 User-Agent 信息。编写代码如下：

```
// 引入express模块
var express = require('express');
// 创建服务器
var app = express();
// 监听请求和响应
app.use(function (request, response) {
    // 输出客户端的User-Agent
    var agent = request.header('User-Agent');
    // 判断客户端浏览器的类型
    if (agent.toLowerCase().match(/chrome/)) {
        // 响应信息
```

```
            response.send('<h1>Hello Chrome .. !</h1>');
    } else {
            // 响应信息
            response.send('<h1>Hello express .. !</h1>');
    }
});
// 启动服务器
app.listen(52273, function () {
    console.log('服务器监听地址在 http://127.0.0.1:52273');
});
```

（2）将 8-3.j 文件放到 C:\Demo\C8 目录中。

（3）打开 CMD 控制台，进入 C:\Demo\C8 目录，输入 "node 8-3.js"，就可以看到图 8-5 所示的执行结果。

图 8-5　启动服务器

（4）分别打开谷歌浏览器和 IE 浏览器，在地址栏中输入 http://127.0.0.1:52273/后，按〈Enter〉键，可以看到图 8-6 所示的界面效果。

图 8-6　判断客户端浏览器类型

8.2　express 模块中的中间件

初步学会使用 express 模块后，细心的读者就会发现，express 模块与 http 模块都可以创建 Web 服务器，但 express 模块使用的是 use()方法来监听请求与响应事件。那么问题来了，为什么要使用 use()方法呢？这里就涉及了 express 模块中的中间件技术，下面详细讲解。

8.2.1　什么是中间件

use()方法中的参数是 function(request，response，next){}的形式，其中 next 表示一个函数，这个函数就可以称作中间件。下面通过一个示例，演示说明一下。

什么是中间件

（1）打开 WebStorm 编辑器，创建 8-4.js 文件。引入 express 模块后，使用 express()方法创建一个 Web 服务器，然后使用 3 个 use()方法，相当于创建了 3 个中间件。编写代码如下：

```
// 引入express模块
var express = require('express');
// 创建服务器
var app = express();
// 设置中间件（1）
app.use(function (request, response, next) {
    console.log("第一个中间件");
    next();
});
// 设置中间件（2）
app.use(function (request, response, next) {
    console.log("第二个中间件");
    next();
});
// 设置中间件（3）
app.use(function (request, response, next) {
    console.log("第三个中间件");
    // 响应信息
    response.writeHead(200, { 'Content-Type': 'text/html' });
    response.end('<h1>express Basic</h1>');
});
// 启动服务器
app.listen(52273, function () {
    console.log('服务器监听地址在 http://127.0.0.1:52273');
});
```

（2）将 8-4.j 文件放到 C:\Demo\C8 目录中。

（3）打开 CMD 控制台，进入 C:\Demo\C8 目录，输入 "node 8-4.js"，就可以看到图 8-7 所示的执行结果。

（4）打开浏览器（推荐最新的谷歌浏览器），在地址栏中输入 http://127.0.0.1:52273/后，按〈Enter〉键，可以看到图 8-8 所示的界面效果。

图 8-7　启动服务器

（5）这时再查看 CMD 控制台中的信息，可以看到图 8-9 所示的界面效果。

图 8-8　判断客户端浏览器类型

图 8-9　CMD 中的提示信息

通过上面的示例可以发现，express 模块中使用中间件的技术，可以在给客户端响应数据之前，不断处理请求的信息。那么有的读者会问，为什么要这么处理呢？

接下来，再通过一个示例解释说明使用中间件技术处理的好处。具体操作如下。

（1）打开 WebStorm 编辑器，创建 8-5js 文件。引入 express 模块后，使用 express()方法创建一个 Web 服务器，然后使用两个 use()方法，在第一个 use()方法中设置中间件，也就是追加创建了变量数据。编写代码如下：

```javascript
// 引入express模块
var express = require('express');
// 创建服务器
var app = express();
// 设置中间件
app.use(function (request, response, next) {
    // 创建数据
    request.number = 100;
    response.number = 273;
    next();
});
app.use(function (request, response, next) {
    // 响应信息
    response.send('<h1>' + request.number + ' : ' + response.number + '</h1>');
});
// 启动服务器
app.listen(52273, function () {
    console.log('服务器监听地址在 http://127.0.0.1:52273');
});
```

（2）将 8-5.js 文件放到 C:\Demo\C8 目录中。

（3）打开 CMD 控制台，进入 C:\Demo\C8 目录，输入"node 8-5.js"，就可以看到图 8-10 所示的执行结果。

（4）打开浏览器（推荐最新的谷歌浏览器），在地址栏中输入 http://127.0.0.1:52273/后，按〈Enter〉键，可以看到图 8-11 所示的界面效果。

图 8-10　启动服务器

图 8-11　判断客户端浏览器类型

有的读者会问，为什么要分开写呢？把两个 use()方法合在一起多好呢？这么处理就是为了可以分离中间件并再次使用。在实际编程中，代码数量和模块数量都是非常多的，为了使代码高效，可以将常用的功能函数分离出来，做成中间件的形式，这样就可以让更多模块重复使用中间件。

下面来看一些 express 模块中常用的中间件，如表 8-4 所示。

表 8-4　express 模块中常用的中间件

中间件名称	说明
router	处理页面间的路由
static	托管静态文件，如图片、CSS 文件和 JavaScript 文件等
morgan	日志组件

续表

中间件名称	说明
cookie parser	处理 cookie 请求与响应
body parser	对 POST 请求进行解析
connect-multiparty	文件上传中间件

8.2.2　router 中间件

router 中间件

express 模块中使用 router 中间件，作为页面路由处理的中间件。在 http 模块中，通过 if 语句来处理页面的路由跳转，而使用 express 模块中的 router 中间件，可以不使用 if 语句，就能请求实现页面的路由跳转。router 中间件中的方法如表 8-5 所示。

表 8-5　router 中间件中的方法

方法名称	说明
get(path, callback[, callback])	处理 GET 请求
post(path, callback[, callback])	处理 POST 请求
pull(path, callback[, callback])	处理 PULL 请求
delete(path, callback[, callback])	处理 DELETE 请求
all(path, callback[, callback])	处理所有请求

下面通过演示使用 get() 方法，来介绍使用 router 中间件的方法。具体操作如下。

（1）打开 WebStorm 编辑器，创建 8-6.js 文件。引入 express 模块后，使用 express() 方法创建一个 Web 服务器，这里使用 get() 方法设置页面的路由规则。编写代码如下：

```
// 引入express模块
var express = require('express');
// 创建服务器
var app = express();
// 设置路由
app.get('/page/:id', function (request, response) {
    // 获取request变量
    var name = request.params.id;
    // 响应信息
    response.send('<h1>' + name + ' Page</h1>');
});
// 启动服务器
app.listen(52273, function () {
    console.log('服务器监听地址在 http://127.0.0.1:52273');
});
```

（2）将 8-6.js 文件放到 C:\Demo\C8 目录中。

（3）打开 CMD 控制台，进入 C:\Demo\C8 目录，输入 "node 8-6.js"，就可以看到图 8-12 所示的执行结果。

（4）打开浏览器（推荐最新的谷歌浏览器），在地址栏中输入 http://127.0.0.1:52273/page/168 后，按〈Enter〉键，可以看到图 8-13 所示的界面效果。

图 8-12　启动服务器

图 8-13　判断客户端浏览器类型

8.2.3　static 中间件

static 中间件是 express 模块内置的托管静态文件的中间件，它可以非常方便地将图片、CSS 文件和 JavaScript 文件等资源引入到项目中。下面通过一个示例演示使用 static 中间件的方法。具体操作如下。

static 中间件

图 8-14　示例的文件构成

（1）创建图 8-14 所示的两个文件。在 8-7.js 文件中，使用 express 模块创建 Web 服务器，public 文件夹是保存静态文件的文件夹，里面存放一张图片。

（2）打开 WebStorm 编辑器，创建 8-7.js 文件。使用 static() 方法设置静态资源目录地址。编写代码如下：

```javascript
// 引入express模块
var express = require('express');
// 创建服务器
var app = express();
// 使用static中间件
app.use(express.static(__dirname + '/public'));
app.use(function (request, response) {
    // 响应信息
    response.writeHead(200, { 'Content-Type': 'text/html' });
    response.end('<img src="/demo.png" width="100%" />');
});
// 启动服务器
app.listen(52273, function () {
    console.log('服务器地址在 http://127.0.0.1:52273');
});
```

（3）将 8-7.js 文件和 public 文件夹放到 C:\Demo\C8 目录中。

（4）打开 CMD 控制台，进入 C:\Demo\C8 目录，输入 "node 8-7.js"，就可以看到图 8-15 所示的执行结果。

（5）打开浏览器（推荐最新的谷歌浏览器），在地址栏中输入 http://127.0.0.1:52273/后，按〈Enter〉键，可以看到浏览器中的界面效果如图 8-16 所示。

图 8-15　启动服务器

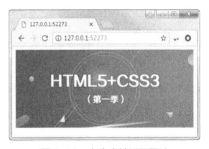

图 8-16　向客户端返回图片

8.2.4 cookie parser 中间件

cookie parser 中间件的功能是处理 cookie 请求与响应。request 对象和 response 对象都提供了 cookie() 方法。由于 cookie parser 中间件不是 express 模块内置的中间件，所以需要通过 npm 命令下载，操作命令如下：

cookie parser 中间件

```
npm install cookie-parser
```

下面通过一个示例，演示如何使用 cookie parser 中间件。具体操作如下。

（1）打开 WebStorm 编辑器，创建 8-8.js 文件。使用 cookie() 方法设置 cookie 信息。编写代码如下：

```javascript
// 引入模块
var express = require('express');
var cookieParser = require('cookie-parser');
// 创建服务器
var app = express();
// 设置cookie parser中间件
app.use(cookieParser());
// 设置路由配置
app.get('/getCookie', function (request, response) {
    // 响应信息
    response.send(request.cookies);
});
app.get('/setCookie', function (request, response) {
    // 创建cookie
    response.cookie('string', 'cookie');
    response.cookie('json', {
        name: 'cookie',
        property: 'delicious'
    });
    // 响应信息
    response.redirect('/getCookie');
});
// 启动服务器
app.listen(52273, function () {
    console.log('服务器地址在 http://127.0.0.1:52273');
});
```

（2）将 8-8.js 文件和 public 文件夹放到 C:\Demo\C8 目录中。

（3）打开 CMD 控制台，进入 C:\Demo\C8 目录，输入 "node 8-8.js"，就可以看到图 8-17 所示的执行结果。

图 8-17　启动服务器

（4）打开浏览器（推荐最新的谷歌浏览器），在地址栏中输入 http://127.0.0.1:52273/getCookie 后，按〈Enter〉键，可以看到浏览器中的界面效果如图 8-18 所示。

图 8-18　向客户端返回 cookie 信息

8.2.5　body parser 中间件

body parser 中间件

body parser 中间件是处理 POST 请求数据的中间件，如果想使用 body parser 中间件，需要对 request 对象添加 body 属性。body parser 中间件不是 express 对象内置的中间件，首先应使用 npm 命令下载，命令如下：

```
npm install body-parser
```

【例 8-3】 使用 cookie parser 中间件和 body parser 中间件，完成登录验证的功能。具体操作步骤如下。（实例位置：资源包\MR\源码\第 8 章\8-3）

（1）创建图 8-19 所示的两个文件。在 8-9.js 文件中，使用 express 模块创建 Web 服务器，login.html 是登录页面的 HTML 代码。

8-9.js　　　login.html

图 8-19　示例的文件构成

（2）打开 WebStorm 编辑器，创建 8-9.js 文件。编写代码如下：

```javascript
// 引入模块
var fs = require('fs');
var express = require('express');
var cookieParser = require('cookie-parser');
var bodyParser = require('body-parser');
// 创建服务器
var app = express();
// 设置中间件
app.use(cookieParser());
app.use(bodyParser.urlencoded({ extended: false }));
// 设置路由配置
app.get('/', function (request, response) {
    if (request.cookies.auth) {
        response.send('<h1>登录成功</h1>');
    } else {
        response.redirect('/login');
    }
});
```

```
app.get('/login', function (request, response) {
    fs.readFile('login.html', function (error, data) {
        response.send(data.toString());
    });
});
app.post('/login', function (request, response) {
    // 创建cookie
    var login = request.body.login;
    var password = request.body.password;
    // 在控制台输出用户名和密码
    console.log(login, password);
    console.log(request.body);
    // 判断登录是否成功
    if (login == 'mingrisoft' && password == '123456') {
        // 登录成功
        response.cookie('auth', true);
        response.redirect('/');
    } else {
        // 登录失败
        response.redirect('/login');
    }
});
// 启动服务器
app.listen(52273, function () {
    console.log('服务器监听地址是 http://127.0.0.1:52273');
});
```

观察上述代码可以发现，使用 express 模块生成 app 对象后，通过 post() 方法，可以接收页面提交的用户信息，判断用户名和密码是否输入正确。如果正确，则通过 cookie('auth'三 true) 的方式返回给客户端。

（3）在 WebStorm 编辑器创建 login.html 文件。编写代码如下：

```html
<!DOCTYPE html>
<html>
<head>
    <title>登录页面</title>
</head>
<body>
<h1>登录页面</h1>
<hr />
<form method="post">
    <table>
        <tr>
            <td><label>用户名</label></td>
            <td><input type="text" name="login" /></td>
        </tr>
        <tr>
            <td><label>密码</label></td>
            <td><input type="password" name="password" /></td>
        </tr>
    </table>
    <input type="submit" name="" />
</form>
```

```
</body>
</html>
```

上述代码是客户端的 HTML 代码内容。使用<form>标签，提交方式是 post，将用户名信息和密码信息提交到 8-9.js 中的代码中，注意<input>标签中不要漏写 name 属性。

（4）将 8-9.js 文件和 login.html 文件放到 C:\Demo\C8 目录中。

（5）打开 CMD 控制台，进入 C:\Demo\C8 目录，输入"node 8-9.js"，就可以看到图 8-20 所示的执行结果。

图 8-20　启动服务器

（6）打开浏览器（推荐最新的谷歌浏览器），在地址栏中输入 http://127.0.0.1:52273/后，按〈Enter〉键，可以看到浏览器中的界面效果如图 8-21 所示。

（7）对用户名和密码分别输入"mingrisoft"和"123456"后，界面效果如图 8-22 所示。

图 8-21　显示 login.html 界面

图 8-22　登录成功界面

8.3　实现 RESTful Web 服务

现在我们所学习的内容，已经可以开发 RESTful Web 服务了。什么是 RESTful Web 服务呢？RESTful Web 服务就是按照 RESTful 的统一标准来开发 Web 服务的方式。什么又是 RESTful 的统一标准呢？限于篇幅，无法将 RESTful 标准一一讲解，我们以用户信息为例简单说明一下，如表 8-6 所示。

表 8-6　用户信息的 RESTful Web 服务

路径	说明
GET/user	表示查询所有的用户信息
GET/user/273	表示查询 id 等于 273 的用户信息
POST/user	表示添加一条用户信息
PUT/user/273	表示修改 id 等于 273 的用户信息
DELETE/user/273	表示删除 id 等于 273 的用户信息

接下来，我们以用户信息为例，学习如何使用 express 模块完成一个简单的 RESTful Web 服务。

8.3.1 创建数据库

如果想操作数据，就需要有一个存储数据的地方，一般我们都称作数据库。因为还没有学习数据库方面的知识（在第 9 章中会进行讲解），这里先暂用 JavaScript 代码创建一个虚拟的数据库。具体操作如下。

程序语言简述

（1）打开 WebStorm 编辑器，创建 8-10.js 文件，将项目的骨架结构搭建好。编写代码如下：

```javascript
// 引入模块
var fs = require('fs');
var express = require('express');
var bodyParser = require('body-parser');
// 创建虚拟数据库
var DummyDB = (function () {

})();
// 创建服务器
var app = express();
// 设置中间件
app.use(bodyParser.urlencoded({
    extended: false
}));
// 设置路由
app.get('/user', function (request, response) { });
app.get('/user/:id', function (request, response) { });
app.post('/user', function (request, response) { });
app.put('/user/:id', function (request, response) { });
app.delete('/user/:id', function (request, response) { });
// 启动服务器
app.listen(52273, function () {
    console.log('服务器监听地址是 http://127.0.0.1:52273');
});
```

（2）在 8-10.js 文件中继续完善虚拟数据库的创建。编写代码如下：

```javascript
// 创建虚拟数据库
var DummyDB = (function () {
    // 声明变量
    var DummyDB = {};
    var storage = [];
    var count = 1;
    // 查询数据库
    DummyDB.get = function (id) {
        if (id) {
            // 变量的数据类型转换
            id = (typeof id == 'string') ? Number(id) : id;
            // 存储变量
            for (var i in storage) if (storage[i].id == id) {
                return storage[i];
            }
        } else {
            return storage;
        }
    };
```

```
    // 添加数据
    DummyDB.insert = function (data) {
        data.id = count++;
        storage.push(data);
        return data;
    };
    // 删除数据
    DummyDB.remove = function (id) {
        // 变量的数据类型转换
        id = (typeof id == 'string') ? Number(id) : id;
        // 删除操作
        for (var i in storage) if (storage[i].id == id) {
            // 删除数据
            storage.splice(i, 1);
            // 删除成功
            return true;
        }
        // 删除失败
        return false;
    };
    // 返回数据库
    return DummyDB;
})();
```

8.3.2 实现 GET 请求

虚拟数据库创建完毕后，首先添加需要查询数据的 GET 请求的方法实现。具体操作如下。

（1）在 8-10.js 文件中，继续完善 app.get() 方法的代码编写，添加发送 GET 请求查询数据的代码。代码如下：

实现 GET 请求

```
// 设置路由
app.get('/user', function (request, response) {
    response.send(DummyDB.get());
});
app.get('/user/:id', function (request, response) {
    response.send(DummyDB.get(request.params.id));
});
```

（2）将 8-10.js 文件放到 C:\Demo\C8 目录中。

（3）打开 CMD 控制台，进入 C:\Demo\C8 目录，输入 "node 8-10.js"，就可以看到图 8-23 所示的执行结果。

（4）打开浏览器（推荐最新的谷歌浏览器），在地址栏中输入 http://127.0.0.1:52273/user 后，按〈Enter〉键，可以看到浏览器中的界面效果如图 8-24 所示，此刻数据库中没有任何用户信息。

图 8-23　启动服务器

图 8-24　GET 请求查询用户信息

8.3.3 实现 POST 请求

实现 POST 请求

虚拟数据库创建完毕后，此时数据库中没有任何数据，需要使用 POST 请求的方法添加数据。具体操作如下。

（1）在 8-10.js 文件中，继续完善 app.post() 方法的代码编写。编写代码如下：

```javascript
app.get('/addUser', function (request, response) {
    fs.readFile('addUser.html', function (error, data) {
        response.send(data.toString());
    });
});
app.post('/addUser', function (request, response) {
    // 声明变量
    var name = request.body.name;
    var region = request.body.region;
    // 添加数据
    if (name && region) {
        response.send(DummyDB.insert({
            name: name,
            region: region
        }));
    } else {
        throw new Error('error');
    }
});
```

观察上述代码，使用 post() 方法接收 addUser.html 页面提交的用户信息，然后将用户信息通过 DummyDB 对象添加到虚拟数据库中。

（2）在 WebStorm 编辑器中创建 addUser.html 文件。编写代码如下：

```html
<!DOCTYPE html>
<html>
<head>
    <title>添加用户</title>
</head>
<body>
<h1>添加用户</h1>
<hr/>
<form method="post">
    <table>
        <tr>
            <td><label>用户名</label></td>
            <td><input type="text" name="name"/></td>
        </tr>
        <tr>
            <td><label>地区</label></td>
            <td><input type="text" name="region"/></td>
        </tr>
    </table>
    <input type="submit" name=""/>
</form>
</body>
</html>
```

在 addUser.html 页面中，使用<form>标签，将用户名和地区的表单信息提交到 8-10.js 的代码中，提交方式是 post。

（3）将 addUser.html 文件放到 C:\Demo\C8 目录中。

（4）打开 CMD 控制台，进入 C:\Demo\C8 目录，输入 "node 8-10.js"，就可以看到图 8-25 所示的执行结果。

图 8-25　启动服务器

（5）打开浏览器（推荐最新的谷歌浏览器），在地址栏中输入 http://127.0.0.1:52273/addUser 后，按〈Enter〉键，进入 addUser.html 页面，添加完用户信息后，可以看到浏览器中的界面效果如图 8-26 所示。

图 8-26　POST 请求添加用户信息

关于 PUT 请求和 DELETE 请求的实现，请读者尝试自行完成。

小　结

本章介绍了 express 模块中 request 对象和 response 对象的使用方法，重点介绍了 express 模块中间件的概念，以及 express 模块中常用模块的使用方法。最后，对 RESTful Web 服务开发进行了简单介绍。

上机指导

请使用 express 模块完成对一个 JSON 文件的 RESTful Web 服务的 GET 请求的代码实现。具体操作如下。

（1）创建图 8-27 所示的两个文件。在 test-8.js 文件中，使用 express 模块创建 Web 服务器，user.json 中是用户的 JSON 格式。

test-8.js　　　user.json

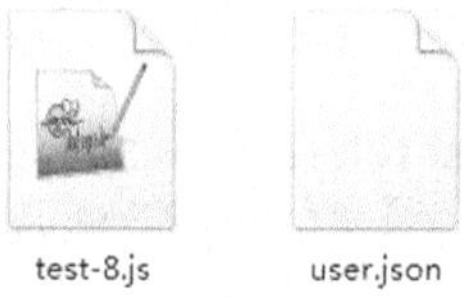

图 8-27　示例的文件构成

（2）打开 WebStorm 编辑器，创建 test-8.js 文件。编写代码如下：

```javascript
// 引入模块
var fs = require('fs');
var express = require('express');
var bodyParser = require('body-parser');
// 创建服务器
var app = express();
// 设置中间件
app.use(bodyParser.urlencoded({
    extended: false
}));
// 设置路由
app.get('/listUsers', function (req, res) {
    fs.readFile( __dirname + "/" + "users.json", 'utf8', function (err, data) {
        console.log( data );
        res.end( data );
    });
});
// 启动服务器
app.listen(52273, function () {
    console.log('服务器监听地址是 http://127.0.0.1:52273');
});
```

使用 express 模块创建 app 对象后，通过 listen 方法启动服务器，监听端口是 52273。然后使用 get 方法监听 url 为 listUsers 客户端的提交。

（3）在 WebStorm 编辑器创建 users.json 文件。编写代码如下：

```json
{
  "user1" : {
    "name" : "mahesh",
    "password" : "password1",
    "profession" : "teacher",
    "id": 1
  },
  "user2" : {
    "name" : "suresh",
    "password" : "password2",
    "profession" : "librarian",
    "id": 2
  },
  "user3" : {
    "name" : "ramesh",
    "password" : "password3",
    "profession" : "clerk",
```

```
        "id": 3
  }
}
```

上述 users.json 中的代码类似于数据库中的字段信息内容。当用户在浏览器的地址栏中输入 listUsers 时，通过 test-8.js 代码中的 get()方法，就会将 users.json 文件中的内容返回给客户端。

（4）将 test-8.js 文件和 users.json 放到 C:\Demo\C8 目录中。

（5）打开 CMD 控制台，进入 C:\Demo\C8 目录，输入"node test-8.js"，就可以看到图 8-28 所示的执行结果。

图 8-28　启动服务器

（6）打开浏览器（推荐最新的谷歌浏览器），在地址栏中输入 http://127.0.0.1:52273/listUsers 后，按〈Enter〉键，可以看到浏览器中的界面效果如图 8-29 所示。

图 8-29　GET 请求查询信息

习 题

8-1　express 模块的作用是什么？

8-2　什么是中间件？

8-3　列举 express 模块中常用的中间件。

8-4　什么是 RESTful Web 服务？

第9章

MySQL数据库

本章要点

- 学习MySQL数据库的基本操作
- 学习使用Node.js中的mysql模块

数据库是计算机中存储数据的仓库，也是 Web 开发中重要的核心技术之一。注册登录数据、商品数据、购买交易数据等都存储在数据库中。本章将学习业界比较常用的 MySQL 数据库技术，以及在 Node.js 中如何应用 mysql 模块链接 MySQL 数据库。

9.1 MySQL 数据库的下载安装

在安装 MySQL 数据库之前，我们先简单了解一下什么是 SQL（结构化查询语言）。

9.1.1 SQL

SQL

结构化查询语言（Structured Query Language，SQL）是用于访问数据库的标准语言，这些数据库包括 SQL Server、Oracle、MySQL 和 Access 等。SQL 是 1986 年 10 月由美国国家标准学会（ANSI）通过的美国标准数据库语言，接着，国际标准化组织（ISO）颁布了 SQL 正式国际标准。1989 年 4 月，ISO 提出了具有完整性特征的 SQL89 标准，1992 年 11 月又公布了 SQL92 标准，在 SQL92 标准中，数据库被分为三个级别：基本集、标准集和完全集。

结构化查询语言包含以下 6 个部分。

（1）数据查询语言

其语句也称为数据检索语句，用以从表中获得数据、确定数据怎样在应用程序中给出。保留字 SELECT 是数据查询语言（Data Query Language，DQL）（也是所有 SQL）用得最多的动词，其他 DQL 常用的保留字有 WHERE、ORDER BY、GROUP BY 和 HAVING。这些 DQL 保留字常与其他类型的 SQL 语句一起使用。

（2）数据操作语言

其语句包括动词 INSERT、UPDATE 和 DELETE。它们分别用于添加、修改和删除表中的行。也称为动作查询语言。

（3）事务处理语言

它能确保被事物处理语句影响的表的所有行得以及时更新，它的语句包括 BEGIN TRANSACTION，COMMIT 和 ROLLBACK。

（4）数据控制语言

它的语句通过 GRANT 或 REVOKE 获得许可，确定单个用户和用户组对数据库对象的访问。某些 RDBMS 可用 GRANT 或 REVOKE 控制对表单各列的访问。

（5）数据定义语言

数据定义语言（Data Definition Language，DDL）是 SQL 语言集中负责数据结构定义与数据库对象定义的语言，由 CREATE、ALTER 与 DROP 三个语法所组成。目前大多数的数据库管理系统（Database Management System，DBMS）都支持对数据库对象的 DDL 操作，部分数据库（如 PostgreSQL）可把 DDL 放在交易指令中，也就是它可以被撤回。

（6）指针控制语言

它的语句，像 DECLARE CURSOR、FETCH INTO 和 UPDATE WHERE CURRENT，用于对一个或多个表单独行的操作。

9.1.2 MySQL 的下载安装

MySQL 的下载安装

初步了解完 SQL 后，下面我们以 Windows7 系统为例，学习如何下载和安装 MySQL 数据库。具体操作步骤如下。

（1）打开浏览器（推荐最新谷歌浏览器），输入 MySQL 的下载地址 https://dev.mysql.com/downloads/installer/，单击如图 9-1 所示的 "Download" 按钮。

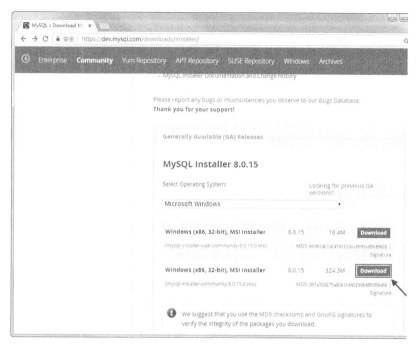

图 9-1　MySQL 的安装地址

本书写作时，MySQL 数据库的最新版本是 8.0.15。

（2）完成上一步骤后，会进入到如图 9-2 所示的界面中。MySQL 需要登录或者注册后才可以下载。如果有账号，直接单击"Login"按钮登录，如果没有账号，单击"Sign Up"注册。这里我们继续单击"Sign Up"按钮，进行注册。

图 9-2　登录或注册

（3）单击"Sign Up"按钮后，会进入到图9-3所示的注册界面中。按照页面内容，填写表单信息，然后再进入注册邮箱中确认，便完成了注册。

图9-3　注册

（4）注册登录后，就可以下载MySQL数据库了，如图9-4所示。单击"Download Now"按钮即可。

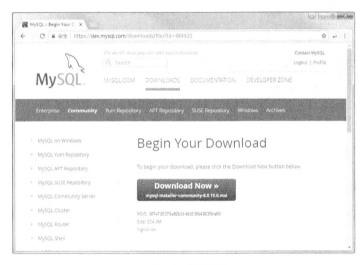

图9-4　下载页面

（5）下载完成后，我们将得到一个名称为 mysql-installer-community-8.0.15.0.msi 的安装文件。双击该文件即可进行 MySQL 数据库的安装，如图 9-5 所示。

（6）打开 License Agreement（接受许可协议）对话框，选中"I accept the license terms"复选框，接受协议，如图 9-6 所示。

（7）单击"Next"按钮，将打开 Choosing a Setup Type（选择设置类型）对话框，该对话框包括 Developer Default（开发者默认）、Server Only（仅服务器）、Client only（仅客户端）、Full（完全）和 Custom（自定义）5 种安装类型，这里选择 Server Only（仅服务器），如图 9-7 所示。

图 9-5　运行程序

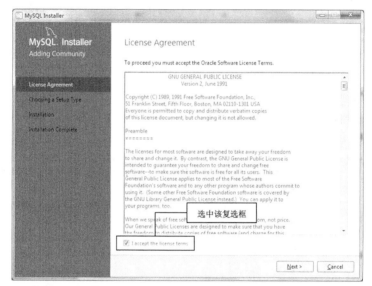

图 9-6　接受许可协议对话框

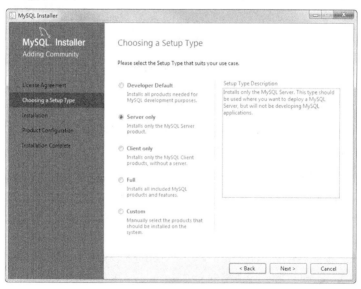

图 9-7　选择设置类型对话框

（8）在接下来的安装中，只需一直单击"Execute"按钮或"Next"按钮即可。出现设置 MySQL 数据库密码的时候，如图 9-8 所示，设置 MySQL 数据库密码即可。

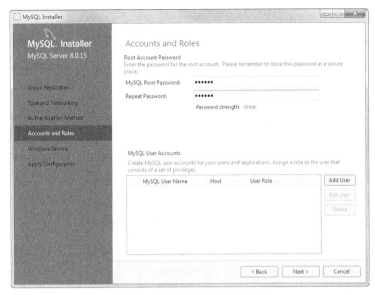

图 9-8　设置 MySQL 数据库密码

（9）最后出现如图 9-9 所示的安装完成对话框，单击"Finish"按钮，完成 MySQL 的安装。

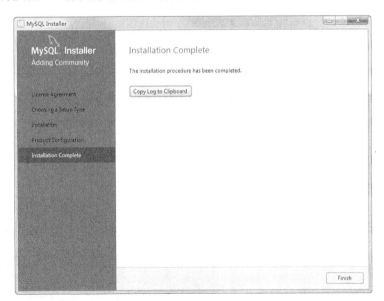

图 9-9　安装完成对话框

9.2　MySQL 数据库的基本命令

MySQL 数据库安装完毕后，我们开始学习 MySQL 数据库中最基本的命令语句。首先来了解一下数据库和数据表的含义，这里以图书馆为例进行说明。图书馆里有书，当然，除了书之外，图书馆里还有计算机和桌椅等物品，所以图书馆可以说是存储这些物品的空间。一般来说，人们去图书馆主要是为了阅读书籍获取信息，而信息则是存储在一本本书籍当中。因此，图书馆与 MySQL 数据库的关系可以用表 9-1 说明。

表 9-1　图书馆与 MySQL 数据库的关系

图书馆	MySQL 数据库
首都图书馆	某个数据库
书籍《首都地图》	某张数据表
故宫地图	具体数据

9.2.1　创建数据库

创建数据库

首先我们来创建一个存储书籍的数据库"Library"，使用"CREATE　DATABASE 数据库名称"语句即可，具体操作如下：

（1）单击"开始"，在输入栏中输入"mysql"，在弹出的选项中选择"MySQL 8.0 Command Line Client"，如图 9-10 所示。

（2）在弹出的窗口中，输入密码，按〈Enter〉键，就可以进入 MySQL 的控制台了，如图 9-11 所示。

图 9-10　启动 MySQL 8.0 Command Line Client

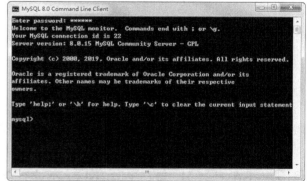

图 9-11　进入 MySQL 控制台

（3）接下来，在 MySQL 控制台中输入"CREATE DATABASE Library;"，按〈Enter〉键。如果出现"Query OK"的提示信息，说明数据库创建成功，如图 9-12 所示。

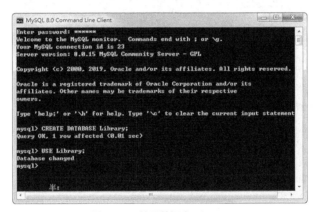

图 9-12 创建数据库 Library

MySQL 语句"CREATE DATABASE Library;"中的";"一定不要漏写。

（4）接下来，在 MySQL 控制台中输入"USE Library;"，按〈Enter〉键。如果出现"Database changed"的提示信息，说明现在可以使用 Library 数据库了，如图 9-13 所示。

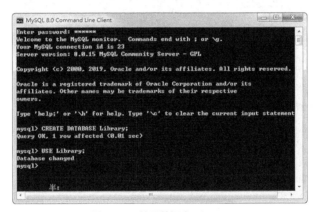

图 9-13 使用数据库 Library

9.2.2 创建数据表

如果把数据库比作图书馆的话，那么数据表就是图书馆中的书的集合。MySQL 数据库中的数据表用于存储和显示数据信息，如表 9-2 所示。我们把表格中的列信息称作"字段"，如 id、bookname、author 和 press；把表格中的行信息称作"记录"。

创建数据表

表 9-2 MySQL 数据库中的数据表形态

id	bookname	author	press
1	《案例学 Web 前端开发》	白宏健	吉林大学出版社
2	《APS.NET 程序开发范例宝典》	王小科	人民邮电出版社
3	《JavaScript 从入门到精通》	张鑫	清华大学出版社

在创建数据表的时候，需要指定字段的数据类型。MySQL 数据库中有很多种类的字段数据类型，这里列出常用的三种数据类型，如表 9-3 所示。

表 9-3　MySQL 数据库中的常用字段数据类型

数据类型	说明
VARCHAR	字符串类型
INT	整数类型
DOUBLE	浮点数字类型

接下来，开始创建一个数据表 books，具体操作如下。

（1）首先进入 MySQL 的控制台，如图 9-14 所示。具体操作请参考 9.2.1 节。

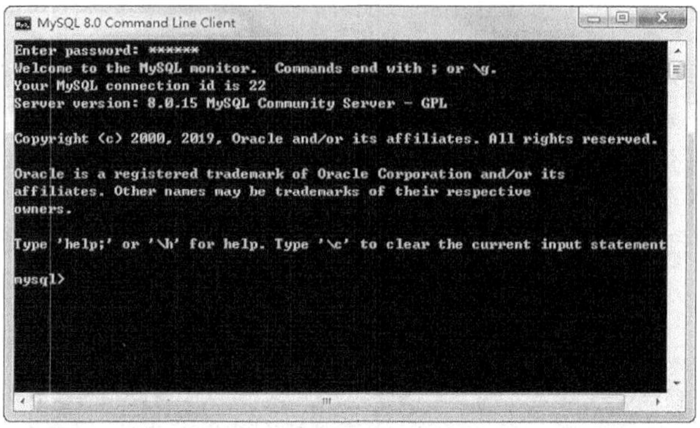

图 9-14　进入 MySQL 控制台

（2）在 MySQL 控制台中输入 "USE　Library;"，按〈Enter〉键。如果出现 "Database changed" 提示信息，说明现在可以使用 Library 数据库了。然后继续编写 SQL 代码如下：

```
CREATE   TABLE   books(
 id INT NOT NULL AUTO_INCREMENT PRIMARY KEY,
 bookname VARCHAR(50) NOT NULL,
 author VARCHAR(15) NOT NULL,
 press VARCHAR(30) NOT NULL
);
```

按〈Enter〉键，代码界面如图 9-15 所示。

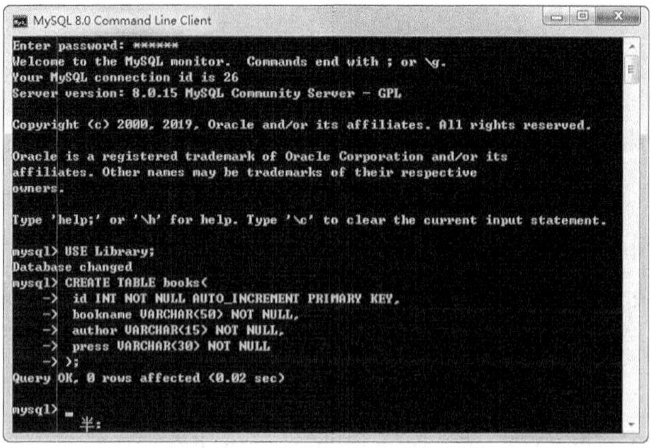

图 9-15　创建数据表 books

（3）在 MySQL 控制台中输入"DESCRIBE books;"按〈Enter〉键，查看数据表的结构，如图 9-16 所示。

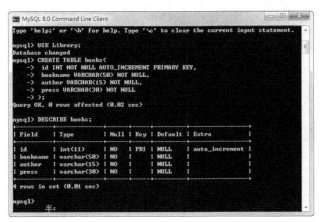

图 9-16　查看数据表 books 的结构

因为本书不是专门介绍 MySQL 数据库技术的书籍，关于字段中的属性等内容，建议大家参考一些 MySQL 数据库的专业书籍学习。

9.2.3　添加数据

数据库中存储数据表，那么，数据表中一定是存储具体的数据了。接下来，我们为数据表 books 添加一些具体的数据，如表 9-4 所示。

添加数据

表 9-4　添加具体的数据

id	bookname	author	press
1	《案例学 Web 前端开发》	白宏健	吉林大学出版社
2	《玩转 C 语言》	李菁菁	吉林大学出版社
3	《Python 从入门到项目实践》	王国辉	吉林大学出版社
4	《零基础学 HTML5+CSS3》	何萍	吉林大学出版社
5	《零基础学 PHP》	冯春龙	吉林大学出版社
6	《Android 从入门到精通》	李磊	电子工业出版社
7	《C#程序设计》	王小科	人民邮电出版社
8	《APS.NET 程序开发范例宝典》	王小科	人民邮电出版社
9	《JavaScript 从入门到精通》	张鑫	清华大学出版社
10	《Java 从入门到精通》	申晓奇，赵宁	清华大学出版社

MySQL 数据库中向数据表添加数据的 SQL 语法如下：

```
INSERT INTO 数据表名（字段1,字段2）VALUES（数据1,数据2）;
```

接下来，为数据表 books 添加具体的数据信息，操作如下。

（1）首先进入 MySQL 的控制台，如图 9-17 所示。具体操作请参考 9.2.1 节。

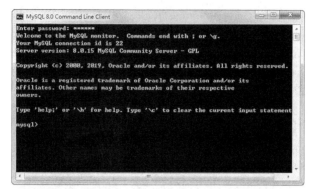

图 9-17　进入 MySQL 控制台

（2）在 MySQL 控制台中输入"USE　Library;"，按〈Enter〉键。如果出现"Database changed"提示信息，说明现在可以使用 Library 数据库了。然后继续编写 SQL 代码如下：

```
INSERT  INTO  books(bookname,author,press) VALUES
('《案例学Web前端开发》','白宏健','吉林大学出版社'),
('《玩转C语言》','李菁菁','吉林大学出版社'),
('《Python从入门到项目实践》','王国辉','吉林大学出版社'),
('《零基础学HTML5+CSS3》','何萍','吉林大学出版社'),
('《零基础学PHP》','冯春龙','吉林大学出版社'),
('《Android从入门到精通》','李磊','电子工业出版社'),
('《C#程序设计》','王小科','人民邮电出版社'),
('《APS.NET程序开发范例宝典》','王小科','人民邮电出版社'),
('《JavaScript从入门到精通》','张鑫','清华大学出版社'),
('《Java从入门到精通》','申晓奇, 赵宁','清华大学出版社');
```

按〈Enter〉键，代码界面如图 9-18 所示。

图 9-18　向数据表 books 添加数据

因为 id 字段使用了 AUTO_INCREMENT 属性，所以每添加一条记录，id 字段会自动递增整数数据。

9.2.4 查询数据

1. 全部查询

数据添加完毕后，如何来查询全部数据呢？MySQL 数据库中查询全部数据的 SQL 语法如下：

查询数据

```
SELECT 字段1,字段2 FROM 数据表;
```

下面，查询刚刚添加的数据表 books 中的数据，具体操作如下。

（1）进入 MySQL 的控制台，如图 9-19 所示。具体操作请参考 9.2.1 节。

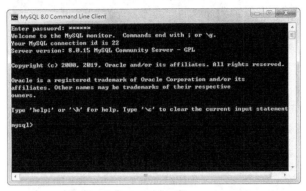

图 9-19　进入 MySQL 控制台

（2）在 MySQL 控制台中输入 "USE Library;"，按〈Enter〉键。如果出现 "Database changed" 提示信息，说明现在可以使用 Library 数据库了。然后继续在 MySQL 控制台中输入 "SELECT * FROM books;"，按〈Enter〉键。数据表 books 中的数据就全部显示出来，如图 9-20 所示。

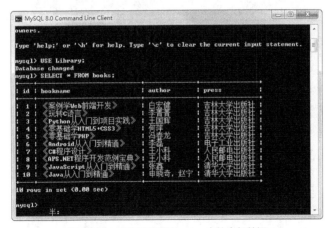

图 9-20　查询数据表 books 中的全部数据

（3）当字段比较少时，也可以在 MySQL 控制台中输入 "SELECT * FROM books;"，按〈Enter〉键。查询数据表 books 中的数据，如图 9-21 所示。

2. 条件查询

如果只想查询吉林大学出版社出版的图书，那应该怎么办呢？MySQL 数据库中提供了条件查询，语法格式如下：

```
SELECT 字段1,字段2 FROM 数据表 WHERE 条件;
```

比如我们想查询吉林大学出版社出版的图书，具体操作如下。

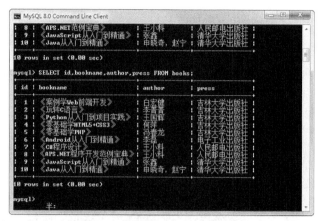

图 9-21　查询数据表 books 中的全部数据

（1）进入 MySQL 的控制台，如图 9-22 所示。具体操作请参考 9.2.1 节。

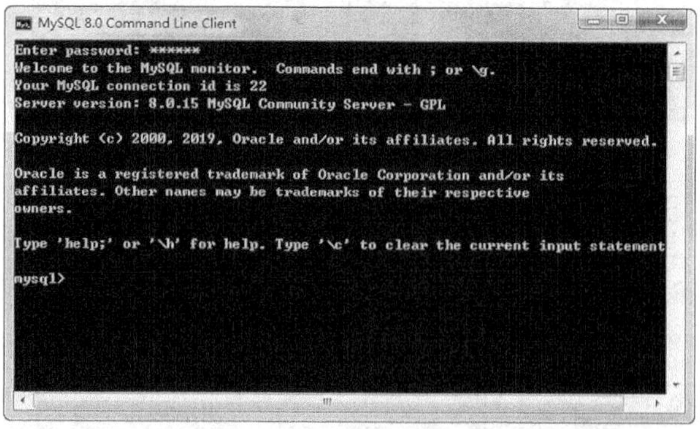

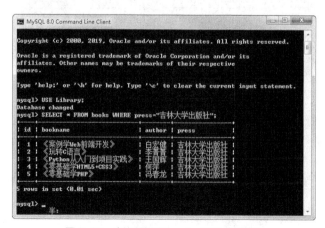

图 9-22　进入 MySQL 控制台

（2）在 MySQL 控制台中输入 "USE　Library;"，按〈Enter〉键。如果出现 "Database changed" 提示信息，说明现在可以使用 Library 数据库了，然后在 MySQL 控制台中输入 "SELECT * FROM books WHERE　press="吉林大学出版社";"，按〈Enter〉键，就可以查询吉林大学出版社出版的图书数据了，如图 9-23 所示。

图 9-23　查询数据表 books 中的全部数据

关于条件查询，还可以使用 WHERE 子句中的运算符，如表 9-5 所示。

表 9-5　WHERE 子句中的运算符

运算符	说明
=	等于
<>	不等于
>	大于
<	小于
>=	大于等于
<=	小于等于
BETWEEN	在某个范围内
LIKE	搜索某种模式
IN	指定针对某个列的多个可能值

9.2.5　修改数据

如果我们想修改某一条记录数据，应该怎么操作呢？MySQL 数据库提供了 UPDATE 命令。接下来，我们想在 id 等于 4 的这条记录中，把 bookname 的值修改为 "张三"。具体操作如下。

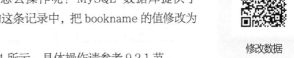

修改数据

（1）进入到 MySQL 的控制台，如图 9-24 所示。具体操作请参考 9.2.1 节。

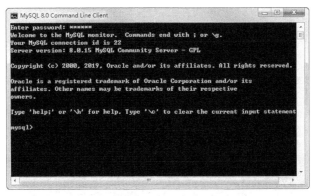

图 9-24　进入 MySQL 控制台

（2）在 MySQL 控制台中输入 "USE　Library;"，按〈Enter〉键。如果出现 "Database changed" 提示信息，说明现在可以使用 Library 数据库了，然后在 MySQL 控制台中输入如下语句：

```
UPDATE books SET author="张三" WHERE id=4;
```

按〈Enter〉键，界面效果如图 9-25 所示。

（3）在 MySQL 控制台中输入 "SELECT * FROM books;"，按〈Enter〉键，界面效果如图 9-26 所示，可以发现 id 等于 4 的记录发生了变化。

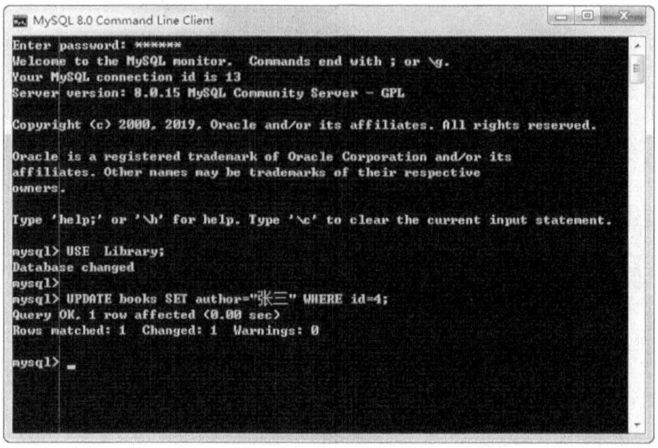

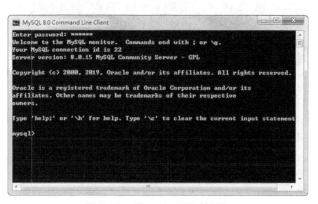

图 9-25　修改数据表 books 中的数据

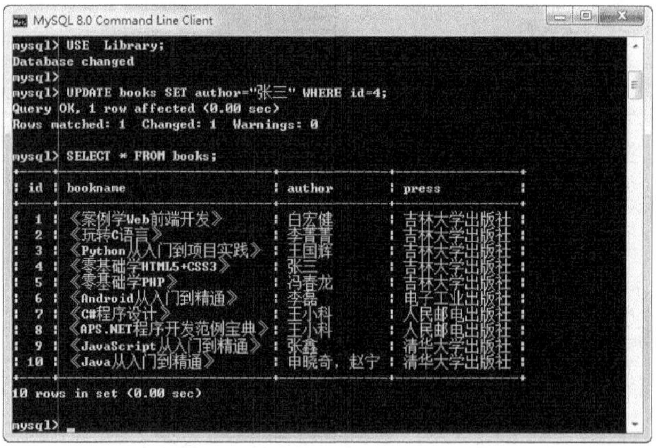

图 9-26　查看数据表 books 中的数据

9.2.6　删除数据

如果我们想将 id 等于 4 的记录删除的话，应该怎么操作呢？MySQL 数据库提供了 DELETE 命令。具体操作如下。

（1）进入 MySQL 的控制台，如图 9-27 所示。具体操作请参考 9.2.1 节。

删除数据

图 9-27　进入 MySQL 控制台

（2）在 MySQL 控制台中输入"USE Library;"，按〈Enter〉键。如果出现"Database changed"提示信息，说明现在可以使用 Library 数据库了，然后在 MySQL 控制台中输入如下语句：

```
DELETE FROM books WHERE id=4;
```

按〈Enter〉键，界面效果如图 9-28 所示。

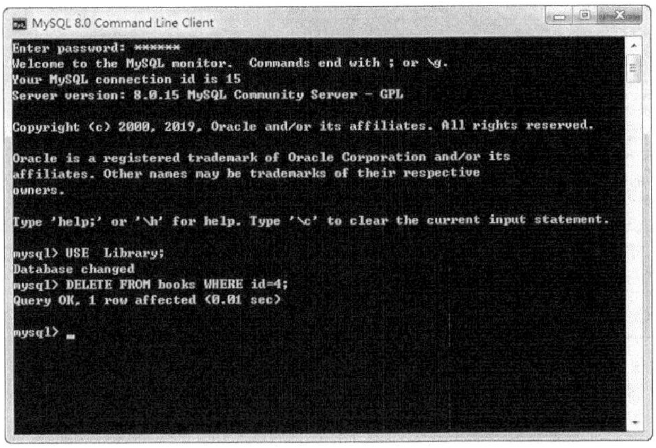

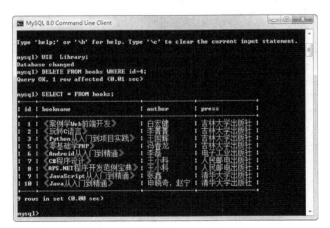

图 9-28　修改数据表 books 中的数据

（3）在 MySQL 控制台中输入 SQL 语句"SELECT * FROM books;"，按〈Enter〉键，界面效果如图 9-29 示，可以发现 id 等于 4 的记录已经没有了。

图 9-29　查看数据表 books 中的数据

9.3　Node.js 中的 mysql 模块

mysql 模块的
基本操作

9.3.1　mysql 模块的基本操作

学习完 MySQL 数据库的基本操作后，下面我们开始学习如何使用 Node.js 中的 mysql 模块。使用 mysql 模块之前，需要使用 npm 命令安装 mysql 模块，在 CMD 控制台输入代码如下：

```
npm install mysql
```

安装完 mysql 模块后，在编写服务器程序时，需要使用 require() 方法将 mysql 模块引入，具体代码如下：

```
var mysql=require('mysql');
```

mysql 模块中提供了 createConnetction(option)方法，可以连接计算机中已经装好的 MySQL 数据库的信息。其中 option 的属性如表 9-6 所示。

表 9-6 option 的属性

运算符	说明
host	连接主机名称
post	连接端口
user	连接用户名
password	连接密码
database	连接数据库
debug	开启 debug 模式

如何使用 createConnetction(option)方法呢？下面通过一个示例演示一下。

（1）打开 WebStorm 编辑器，创建 9-1.js 文件。代码中使用 client 对象的 query()方法执行 SQL 语句。编写代码如下：

```
// 引入模块
var mysql = require('mysql');
// 连接数据库
var client = mysql.createConnection({
    host: 'localhost',
    port:"3306",
    user: 'root',
    password: '123456',
    database: 'Library'
});
// 判断数据库是否连接成功
client.connect(function(err){
    if(err){
        console.log('[query] - :'+err);
        return;
    }
    console.log('[connection connect]  Mysql数据库连接成功!');
});
// 使用SQL查询语句
client.query('USE Library');
client.query('SELECT * FROM books', function(error, result, fields) {
    if(error) {
        console.log('查询语句有误! ');
    } else {
        console.log(result);
    }
});
```

（2）将 9-1.js 文件放到 C:\Demo\C9 目录中。

（3）在 C:\Demo\C9 目录中，输入"node 9-1.js"，就可以看到如图 9-30 所示的执行结果。

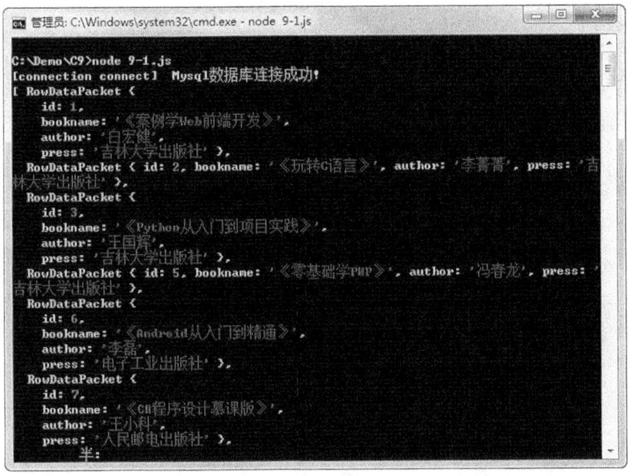

图 9-30　连接 MySQL 数据库，查询数据

9.3.2　使用 mysql 模块显示图书列表

最后，我们结合前面所学的知识，完成从 MySQL 数据库查询图书信息，并输出到 ejs 模板页面的案例。

> **【例 9-1】** 使用 mysql 模块完成图书列表的显示操作。具体操作步骤如下。（实例位置：资源包\MR\源码\第 9 章\9-1）

（1）图 9-31 所示的两个文件是示例的文件构成。book-list.html 文件是 ejs 模板文件，在 9-2.js 文件中，使用 Node.js 中的 express 模块创建 Web 服务器，连接 MySQL 数据库，将图书列表的查询内容向 book-list.html 文件中动态地渲染数据，输出给客户端。

9-2.js　　book-list.html

图 9-31　示例的文件构成

（2）打开 CMD 控制台，分别下载本案例所需要的第三方模块，命令如下：

```
npm install express@4
npm install ejs
npm install mysql
npm install body-parser
```

（3）打开 WebStorm 编辑器，创建 9-2.js 文件。编写代码如下：

```
// 引入模块
var fs = require('fs');
var ejs = require('ejs');
var mysql = require('mysql');
var express = require('express');
var bodyParser = require('body-parser');
// 连接MySQL数据库
var client = mysql.createConnection({
    host: 'localhost',
    port:"3306",
    user: 'root',
    password: '123456',
    database: 'Library'
});
// 判断数据库是否连接成功
```

```
client.connect(function(err){
    if(err){
        console.log('[query] - :'+err);
        return;
    }
    console.log('[connection connect] MySQL数据库连接成功!');
});
// 创建服务器
var app = express();
app.use(bodyParser.urlencoded({
    extended: false
}));
// 启动服务器
app.listen(52273, function () {
    console.log('服务器运行在 http://127.0.0.1:52273');
});
// 显示图书列表
app.get('/', function (request, response) {
    // 读取模板文件
    fs.readFile('book-list.html', 'utf8', function (error, data) {
        // 执行SQL语句
        client.query('SELECT * FROM books', function (error, results) {
            // 响应信息
            response.send(ejs.render(data, {
                data: results
            }));
        });
    });
});
```

（4）再使用 WebStorm 编辑器创建 book-list.html 文件。使用 ejs 渲染标识将 9-2.js 文件中获取到的数据库数据分别放到指定的 HTML 标签中。编写代码如下：

```
<!DOCTYPE html>
<html>
<head>
  <meta charset="UTF-8">
  <title>图书列表</title>
  <style>
    table{
      padding: 0;
      position: relative;
      margin: 0 auto;
    }
    省略部分CSS代码
  </style>
</head>
<body>
  <h1 style="text-align: center">图书列表</h1>
  <a href="/insert">添加数据</a>
  <br/>
  <table width="100%">
    <tr>
```

```
        <th>ID</th>
        <th>书名</th>
        <th>作者</th>
        <th>出版社</th>
        <th>删除</th>
        <th>编辑</th>
    </tr>
    <%data.forEach(function (item, index) { %>
    <tr>
        <td><%= item.id %></td>
        <td><%= item.bookname %></td>
        <td><%= item.author %></td>
        <td><%= item.press %></td>
        <td><a href="/delete/<%= item.id %>">删除</a></td>
        <td><a href="/edit/<%= item.id %>">编辑</a></td>
    </tr>
    <% }); %>
  </table>
</body>
</html>
```

（5）将 9-2.js 文件和 book-list.html 文件放到 C:\Demo\C9 目录中。

（6）在 C:\Demo\C9 目录中，输入"node 9-2.js"，就可以看到如图 9-32 所示的执行结果。

（7）打开浏览器（推荐最新的谷歌浏览器），在地址栏中输入 http://127.0.0.1:52273/后，按〈Enter〉键，可以看到浏览器中的界面效果如图 9-33 所示。

图 9-32　启动服务器　　　　　　　　　　　图 9-33　显示图书列表信息

9.3.3　使用 mysql 模块添加图书信息

接下来，继续使用 mysql 模块完成图书信息的添加操作。在后面的上机指导中，将完成图书数据的修改和删除操作。

使用 mysql 模块
添加图书信息

【例 9-2】 使用 mysql 模块完成图书列表的添加操作。具体操作步骤如下。（实例位置：资源包\MR\源码\第 9 章\9-2）

（1）打开 WebStorm 编辑器，在【例 9-1】中 9-2.js 文件的基础上，继续编写如下代码：

```javascript
app.get('/insert', function (request, response) {
    // 读取模板文件
    fs.readFile('book-insert.html', 'utf8', function (error, data) {
        // 响应信息
        response.send(data);
    });
});
app.post('/insert', function (request, response) {
    // 声明body
    var body = request.body;
    // 执行SQL语句
    client.query('INSERT INTO books (bookname, author, press) VALUES (?, ?, ?)', [
        body.bookname, body.author, body.press
    ], function () {
        // 响应信息
        response.redirect('/');
    });
});
```

（2）再使用 WebStorm 编辑器创建 book-insert.html 文件。通过<form>标签将图书的信息通过表单的方式提交，提交的方式是 post。编写代码如下：

```html
<!DOCTYPE html>
<html>
<head>
  <meta charset="UTF-8">
  <title>添加图书</title>
</head>
<body>
  <h3>添加图书</h3>
  <hr />
  <form method="post">
    <fieldset>
      <legend>添加数据</legend>
      <table>
        <tr>
          <td><label>图书名称</label></td>
          <td><input type="text" name="bookname" /></td>
        </tr>
        <tr>
          <td><label>作者</label></td>
          <td><input type="text" name="author" /></td>
        </tr>
        <tr>
          <td><label>出版社</label></td>
          <td><input type="text" name="press" /></td>
        </tr>
      </table>
```

```
        <input type="submit" />
      </fieldset>
    </form>
  </body>
</html>
```

（3）将 9-2.js 文件和 book-insert.html 文件放到 C:\Demo\C9 目录中。

（4）在 C:\Demo\C9 目录中，输入"node 9-2.js"，就可以看到如图 9-34 所示的执行结果。

（5）打开浏览器（推荐最新的谷歌浏览器），在地址栏中输入 http://127.0.0.1:52273/后，按〈Enter〉键，可以进入图书列表页面，单击"添加图书"按钮，进入 book-insert.html 的页面，最后完成添加图书的操作，如图 9-35 所示。

图 9-34 启动服务器

图 9-35 添加图书信息

小 结

本章介绍了 MySQL 数据库的下载和安装；介绍了 MySQL 数据库中的基本命令，包括创建数据库和数据表，添加、查询、修改和删除数据表中数据；最后介绍了应用 Node.js 中的 mysql 模块实现 MySQL 数据库开发 Web 应用的基本操作。

上机指导

在【例 9-1】的基础上，继续完成图书数据的修改和删除操作。具体操作如下。

（1）打开 WebStorm 编辑器，在【例 9-1】中 9-2.js 文件的基础上，继续编写如下代码：

```
app.get('/delete/:id', function (request, response) {
    // 执行SQL语句
    client.query('DELETE FROM books WHERE id=?', [request.params.id], function () {
        // 响应信息
        response.redirect('/');
    });
});
app.get('/edit/:id', function (request, response) {
    // 读取模板文件
    fs.readFile('book-edit.html', 'utf8', function (error, data) {
        // 执行SQL语句
        client.query('SELECT * FROM books WHERE id = ?', [
            request.params.id
        ], function (error, result) {
            // 响应信息
            response.send(ejs.render(data, {
                data: result[0]
            }));
        });
    });
});
app.post('/edit/:id', function (request, response) {
    // 声明body
    var body = request.body;
    // 执行SQL语句
    client.query('UPDATE books SET bookname=?, author=?, press=? WHERE id=?', [body.
bookname, body.author, body.press, request.params.id], function () {
        // 响应信息
        response.redirect('/');
    });
});
```

（2）再使用 WebStorm 编辑器创建 book-edit.html 文件。通过<form>标签将图书的信息通过表单的方式提交，提交的方式是 post。编写代码如下：

```
<!DOCTYPE html>
<html>
<head>
  <meta charset="UTF-8">
  <title>修改图书</title>
</head>
<body>
  <h1>修改图书信息</h1>
  <hr />
  <form method="post">
    <fieldset>
      <legend>修改图书信息</legend>
      <table>
        <tr>
          <td><label>Id</label></td>
          <td><input type="text" name="id" value="<%= data.id %>" disabled /></td>
        </tr>
```

```
<tr>
    <td><label>书名</label></td>
    <td><input type="text" name="bookname" value="<%= data.bookname %>" /></td>
</tr>
<tr>
    <td><label>作者</label></td>
    <td>
        <input type="text" name="author"
              value="<%= data.author %>" />
    </td>
</tr>
<tr>
    <td><label>出版社</label></td>
    <td><input type="text" name="press" value="<%= data.press %>" /></td>
</tr>
</table>
<input type="submit" />
</fieldset>
</form>
</body>
</html>
```

（3）将 9-2.js 文件和 book-edit.html 图片文件放到 C:\Demo\C9 目录中。

（4）打开 CMD 控制台，进入 C:\Demo\C9 目录中，输入 "node 9-2.js"，就可以看到如图 9-36 所示的执行结果。

（5）打开浏览器（推荐最新的谷歌浏览器），在地址栏中输入 http://127.0.0.1:52273/后，按〈Enter〉键，完成图书的修改和删除操作，界面效果如图 9-37 所示。

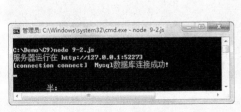

图 9-36　启动服务器

图 9-37　图书信息的修改和删除

习　题

9-1　什么是 SQL 语言？

9-2　MySQL 数据库中，如何创建数据库和数据表？

9-3　MySQL 数据库中，如何添加、查询、修改和删除数据表中的数据？

9-4　Node.js 中的 mysql 模块如何连接计算机中的 MySQL 数据库的数据？

第10章

Express框架

本章要点

- ■ 认识express模块和Express框架的区别
- ■ 学习Express框架的基本使用方法

在前面的学习中，我们已经掌握了express 模块的使用方法，使用express 模块已经可以完成一个项目。那么，Express 框架又是什么呢？Express 框架是在 express 模块的基础上，引入了 express-generator 模块，从而让项目的开发更加迅速和便捷。本章将详细学习 Express 框架。

10.1 认识 Express 框架

学习 express 模块时，使用模块中的方法和中间件可以创建服务器，可以完成页面的路由，还可以处理系统的文件等。那么，Express 框架又有什么不同之处呢？这里以厨房做饭为例，express 模块就好比一把菜刀，使用这把菜刀，可以做很多事情，比如切菜、切肉、切水果等，但问题是，这些具体的操作都需要人工一样一样完成。而 Express 框架就好像一台机器，把菜、肉、水果之类的东西直接放入其中，然后选择不同的按钮功能，不需要人工，直接就完成了 express 模块的任务操作。当然，解放双手的同时，我们还需要学习 Express 这台机器上不同的按钮功能。这就是接下来要学习的内容。

10.1.1 创建项目

首先使用 Express 框架来创建一个项目吧。具体操作如下。

（1）打开 CMD 控制台，进入 C:\Demo\C10 目录（这个目录用于放置第 10 章学习的代码文件），输入 "npm install -g express-generator@4"，看到图 10-1 所示的执行结果，说明 Express 框架安装完毕。

创建项目

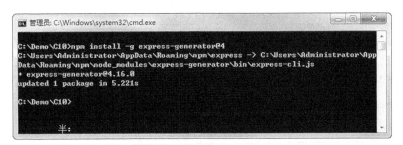

图 10-1　安装 Express 框架

（2）继续在 CMD 控制台输入 "express HelloExpress"，可以看到图 10-2 所示的界面效果。

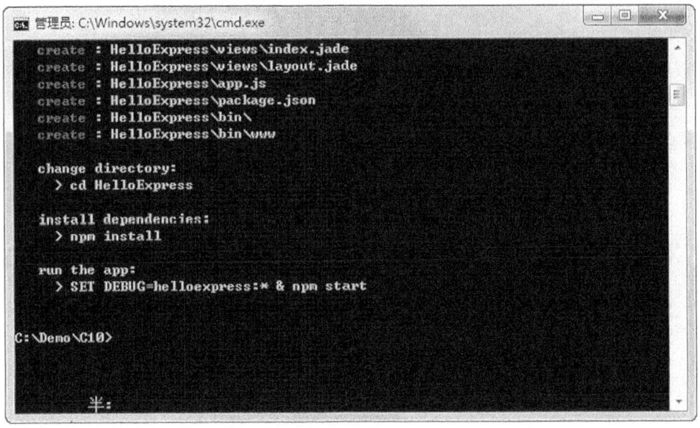

图 10-2　创建 HelloExpress 项目

（3）可以发现在 C:\Demo\C10 目录中，出现了 HelloExpress 文件夹，单击进入 HelloExpress 文件夹后，可以看到图 10-3 所示的文件。这就是使用 Express 框架自动生成好的项目框架文件。

关于各个文件和文件夹的说明如表 10-1 所示。

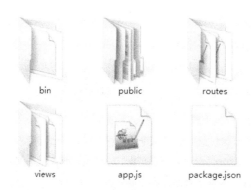

图 10-3　HelloExpress 项目的文件组织

表 10-1　Express 框架的项目框架文件和文件夹说明

文件或文件夹	说明
bin 文件夹	执行文件夹内部的 www 文件时，将启动 Express 框架
public 文件夹	存放 JavaScript、CSS 和图片等文件
routes 文件夹	存放页面路由的文件
views 文件夹	存放 ejs 或 jade 等模板文件
app.js 文件	Express 框架的核心文件
package.json 文件	包含第三方模块等项目安装信息

打开 appjs 文件，具体代码如下：

```
var createError = require('http-errors');
var express = require('express');
var path = require('path');
var cookieParser = require('cookie-parser');
var logger = require('morgan');

var indexRouter = require('./routes/index');
var usersRouter = require('./routes/users');

var app = express();

// view engine setup
app.set('views', path.join(__dirname, 'views'));
app.set('view engine', 'jade');

app.use(logger('dev'));
app.use(express.json());
app.use(express.urlencoded({ extended: false }));
app.use(cookieParser());
app.use(express.static(path.join(__dirname, 'public')));

app.use('/', indexRouter);
app.use('/users', usersRouter);
```

```
// catch 404 and forward to error handler
app.use(function(req, res, next) {
  next(createError(404));
});

// error handler
app.use(function(err, req, res, next) {
  // set locals, only providing error in development
  res.locals.message = err.message;
  res.locals.error = req.app.get('env') === 'development' ? err : {};

  // render the error page
  res.status(err.status || 500);
  res.render('error');
});

module.exports = app;
```

 关于 app.js 文件中的内容，后面将详细解读。

（4）在 CMD 控制台输入"cd HelloExpress"，进入 HelloExpress 文件中，可以看到图 10-4 所示的界面效果。

（5）在 CMD 控制台输入"npm install"，安装项目所需要的第三方模块，可以看到图 10-5 所示的界面效果。

图 10-4　进入 HelloExpress 文件夹

图 10-5　安装第三方模块

（6）在 CMD 控制台输入"npm start"，可以看到图 10-6 所示的界面效果。

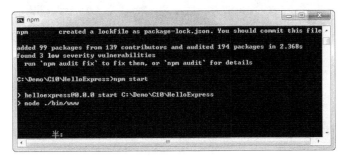

图 10-6　启动项目

（7）打开浏览器（推荐最新的谷歌浏览器），在地址栏中输入 http://127.0.0.1:3000/后，按〈Enter〉键，可以看到如图 10-7 所示的界面效果。

图 10-7　客户端响应信息

Express 框架的默认端口是 3000。

10.1.2　设置项目参数

设置项目参数

前面已经学习了如何使用 Express 框架创建一个项目。实际上，在创建项目时，还可以同时设定项目的各项参数，比如模板类型等等。在 CMD 控制台中使用"express --help"命令查看有什么参数，如图 10-8 所示。

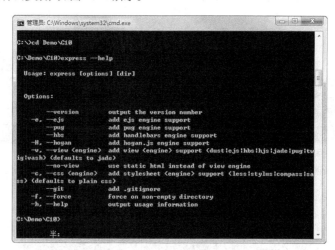

图 10-8　Express 框架的"express --help"命令

具体的参数信息如表 10-2 所示。

表 10-2　express 命令的参数信息

参数名称	说明
-h 或者--help	输出帮助信息
-v 或者--version	输出 Exp 框架的版本信息

续表

参数名称	说明
-e 或者--ejs	使用 ejs 模板类型
--hbs	使用 handlebars 引擎
-h 或者--Hogan	使用 hogan.js
-c<engine>或者--css<engine>	使用样式
--git	自动生成.gitignore 文件
-f 或者--force	强制创建项目

如果希望项目使用 ejs 模板，并且自动生成.gitionore 文件，可以使用下面的命令创建项目：

```
express -e --git HelloExpress
```

10.2　详解 app.js

学会使用 Express 框架创建项目后，下面详细分析 app.js 文件中的代码内容。这些代码内容在创建项目时便自动生成。也就是说，使用 Express 框架创建项目后，它就自动创建了 Web 服务器，设置好了中间件等，我们只需要编写 Web 应用的数据逻辑代码即可。下面详细分析 app.js 中的代码内容。

10.2.1　创建 Web 服务器

在 app.js 文件中，首先引入了相应的第三方模块，然后使用 express()方法创建了服务器对象。具体代码如下：

创建 Web 服务器

```
//引入第三方模块
var createError = require('http-errors');
var express = require('express');
var path = require('path');
var cookieParser = require('cookie-parser');
var logger = require('morgan');
// 引入自定义模块
var indexRouter = require('./routes/index');
var usersRouter = require('./routes/users');
//创建服务器对象
var app = express();
```

10.2.2　设置中间件

设置中间件

创建服务器对象后，对服务器进行相关设置，然后开始设置具体的中间件。具体代码如下：

```
// 对服务器进行设置
app.set('views', path.join(__dirname, 'views'));
app.set('view engine', 'jade');
//设置中间件
app.use(logger('dev'));
app.use(express.json());
app.use(express.urlencoded({ extended: false }));
app.use(cookieParser());
app.use(express.static(path.join(__dirname, 'public')));
```

关于中间件的使用方法，请参考 express 模块的有关内容。

如果想添加 express-session 中间件，该怎么操作呢？具体代码如下：

```
//设置中间件
app.use(logger('dev'));
app.use(express.json());
app.use(express.urlencoded({ extended: false }));
app.use(cookieParser());
//添加express-session中间件
var session=require('express-session');
app.use(session({
  secret:'secret key',
  resave:false,
  saveUninitialized:true
}));
app.use(express.static(path.join(__dirname, 'public')));
```

观察上述代码可以发现，使用 require() 方法引入 express-session 中间件后，再通过 use() 方法就可以使用中间件了。

除了在代码中引入 express-session 中间件外，也需要通过 npm 命令下载 express-session 中间件。

在对服务器设置的时候，使用了 set() 方法。该方法可以设置 Express 框架的很多特性。set() 方法的常用参数说明如表 10-3 所示。

表 10-3　set() 方法的常用参数说明

参数名称	说明
case sensitive routing	区分 URL 路径的字母大小写
env	指定服务器的运行环境
views	指定 view 文件夹
view engine	指定模板类型

所以，如果希望在发起 URL 请求时区分字母大小写的话，可以使用如下代码：

```
// 对服务器进行设置
app.set('case sensitive routes',true);
app.set('views', path.join(__dirname, 'views'));
app.set('view engine', 'jade');
//设置中间件
app.use(logger('dev'));
app.use(express.json());
app.use(express.urlencoded({ extended: false }));
app.use(cookieParser());
app.use(express.static(path.join(__dirname, 'public')));
```

10.2.3 设置路由

Express 框架是如何设置页面路由跳转的呢? 观察 app.js 文件中的下列代码:

```
// 省略部分代码
var indexRouter = require('./routes/index');
var usersRouter = require('./routes/users');
//省略部分代码
app.use('/', indexRouter);
app.use('/users', usersRouter);
```

设置路由

当用户通过 GET 方法发起请求时,Express 框架就需要提供 routes 模块进行页面路由处理。那么,routes 模块是在哪里使用的呢? 找到 routes 文件中的 index.js 文件,打开后,代码如下:

```
var express = require('express');
var router = express.Router();

/* GET home page. */
router.get('/', function(req, res, next) {
  res.render('index', { title: 'Express' });
});


module.exports = router;
```

可以发现,Express 框架使用 render()方法,找到 index 页面,将{title: 'Express'}的变量内容输出。关于 render()页面渲染方法,我们在后面详细讲解。

10.2.4 页面渲染

Express 框架中使用 render()方法渲染页面,render()方法实际上是封装了 file system 模块中渲染页面的方法。下面通过一个示例,学习在 Express 框架中如何使用 render()方法渲染页面。具体操作如下。

页面渲染

(1) 在 view 文件夹中创建 demo.jade 文件,编写代码如下:

```
doctype html
html
  head
    title= title
    link(rel='stylesheet', href='/stylesheets/style.css')
  body
    h1 #{title}
    p天道不一定酬勤,深度思考比勤奋工作更重要。
    hr
```

(2) 在 app.js 文件中,添加如下代码:

```
app.use('/', indexRouter);
app.use('/users', usersRouter);
//在这里添加Demo路由代码
app.get('/demo', function(req, res, next) {
  res.render('demo', { title: '名言警句' });
});
```

(3) 打开 CMD 控制台,进入到 C:\Demo\C10\HelloExpress 目录中,输入 "npm start",启动服务器,如图 10-9 所示。

（4）打开浏览器（推荐最新的谷歌浏览器），在地址栏中输入 http://127.0.0.1:3000/demo 后，按〈Enter〉键，可以看到浏览器中的界面效果如图 10-10 所示。

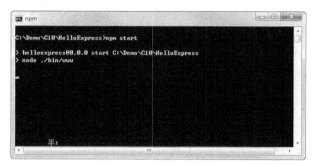

图 10-9　启动服务器

图 10-10　返回客户端的页面信息

10.3　项目实战——选座购票

【例 10-1】根据目前所学的内容，我们已经可以开发一些有意思的小应用了。大家应该都有过网上购买电影票的经历吧。下面我们就使用 Express 框架相关技术制作其中一个挑选座位的模块吧，如图 10-11 所示。（实例位置：资源包\MR\源码\第 10 章\10-1）

图 10-11　项目的界面效果

服务器端代码实现

10.3.1　服务器端代码实现

首先打开 WebStorm 编辑器，创建 app.js 文件，编写代码如下：

```
// 引入模块
var socketio = require('socket.io');
var express = require('express');
var http = require('http');
```

```
var fs = require('fs');
// 声明变量
var seats = [
    [1, 1, 0, 1, 1, 0, 0, 0, 0, 1, 1, 0, 1, 1],
    [1, 1, 0, 1, 1, 1, 1, 1, 1, 1, 1, 0, 1, 1],
    [1, 1, 0, 1, 1, 1, 1, 1, 1, 1, 1, 0, 1, 1],
    [1, 1, 0, 1, 1, 1, 1, 1, 1, 1, 1, 0, 1, 1],
    [1, 1, 0, 1, 1, 1, 1, 1, 1, 1, 1, 0, 1, 1],
    [1, 1, 0, 1, 1, 1, 1, 1, 1, 1, 1, 0, 1, 1],
    [1, 1, 0, 1, 1, 1, 1, 1, 1, 1, 1, 0, 1, 1],
    [1, 1, 0, 1, 1, 1, 1, 1, 1, 1, 1, 0, 1, 1],
    [1, 1, 0, 1, 1, 1, 1, 1, 1, 1, 1, 0, 1, 1],
    [1, 1, 0, 1, 1, 1, 1, 1, 1, 1, 1, 0, 1, 1],
    [1, 1, 0, 1, 1, 1, 1, 1, 1, 1, 1, 0, 1, 1],
    [1, 1, 0, 1, 1, 1, 1, 1, 1, 1, 1, 0, 1, 1],
];
// 创建Web服务器
var app = express();
var server = http.createServer(app);
// 设置路由
app.get('/', function (request, response, next) {
    fs.readFile('HTMLPage.html', function (error, data) {
        response.send(data.toString());
    });
});
app.get('/seats', function (request, response, next) {
    response.send(seats);
});
// 启动服务器
server.listen(52273, function () {
    console.log('服务器监听地址在 http://127.0.0.1:52273');
});
// 创建socket对象
var io = socketio.listen(server);
io.sockets.on('connection', function (socket) {
    socket.on('reserve', function (data) {
        seats[data.y][data.x] = 2;
        io.sockets.emit('reserve', data);
    });
});
```

在上面的代码创建的变量 seats 的值中，数字 0 表示空白区域，数字 1 表示可以选座，数字 2 表示无法选座。
然后进行路由页面的处理。因为客户端的页面使用 Ajax 技术将变量输出到客户端，所以路由的设置代码如下：

```
// 设置路由
app.get('/', function (request, response, next) {
    fs.readFile('HTMLPage.html', function (error, data) {
        response.send(data.toString());
    });
});
app.get('/seats', function (request, response, next) {
    response.send(seats);
});
```

最后编写 socket 服务器的代码，socket 服务器接收到 reserve 事件后，可以改变 seats 变量，从而达到选座成功的效果。代码如下：

```
// 创建socket对象
var io = socketio.listen(server);
io.sockets.on('connection', function (socket) {
    socket.on('reserve', function (data) {
        seats[data.y][data.x] = 2;
        io.sockets.emit('reserve', data);
    });
});
```

关于 socket 服务器的内容，后面章节还会详细讲解。

10.3.2 客户端代码实现

编写客户端的代码，使用 WebStorm 编辑器，创建 HTMLPage.html 文件，编写代码如下：

客户端代码实现

```
<!DOCTYPE html>
<html>
<head>
    <title>选座购票</title>
    <style>
        .line {  overflow: hidden;  }
        .seat {  margin: 2px;  float: left;  width: 30px;  height: 30px;  border-
radius: 3px;  }
        .enable {  background: gray;  }
        .enable:hover {  background: black;  }
        .disable {  background: red;  }
    </style>
    <script src="http://code.jquery.com/jquery-1.12.1.js"></script>
    <script src="/socket.io/socket.io.js"></script>
    <!-- 生成socket -->
    <script>
        // 连接socket
        var socket = io.connect();
        // 监听socket事件
        socket.on('reserve', function (data) {
            var $target = $('div[data-x = ' + data.x + '][data-y = ' + data.y + ']');
            $target.removeClass('enable');
            $target.addClass('disable');
        });
    </script>
    <script>
        $(document).ready(function () {
            //声明变量
            var onClickSeat = function () {
```

```
            var x = $(this).attr('data-x');
            var y = $(this).attr('data-y');
            if (confirm('确定吗?')) {
                $(this).off('click');
                socket.emit('reserve', {
                    x: x,
                    y: y
                });
            } else {
                alert('已取消! ');
            }
        };
        // 执行Ajax
        $.getJSON('/seats', { dummy: new Date().getTime() }, function (data) {
            // 生成座位
            $.each(data, function (indexY, line) {
                // 生成HTML
                var $line = $('<div></div>').addClass('line');
                $.each(line, function (indexX, seat) {
                    var $output = $('<div></div>', {
                        'class': 'seat',
                        'data-x': indexX,
                        'data-y': indexY
                    }).appendTo($line);
                    if (seat == 1) {
                        $output.addClass('enable').on('click', onClickSeat);
                    } else if (seat == 2) {
                        $output.addClass('disable');
                    }
                });
                $line.appendTo('body');
            });
        });
    });
    </script>
</head>
<body>
<h1>惊奇队长</h1>
<p>今天3月14日 16:00 英语3D</p>
</body>
</html>
```

上述代码中，使用 socket 对象监听 reserver 事件。当单击事件发生时，服务器端会将信息发送给所有的客户端，socket 监听到 reserver 事件后，也将同时更新页面的座位信息。

10.3.3 执行项目

执行项目的具体操作步骤如下。

（1）将 app.js 文件和 HTMLPage.html 文件放到 C:\Demo\C10 目录中。

（2）打开 CMD 控制台，进入 C:\Demo\C10 目录，分别输入 "npm install socket.io@1" 和 "npm install express@4"，安装 socket.io 模块和 express 模块，如图 10-12 所示。

执行项目

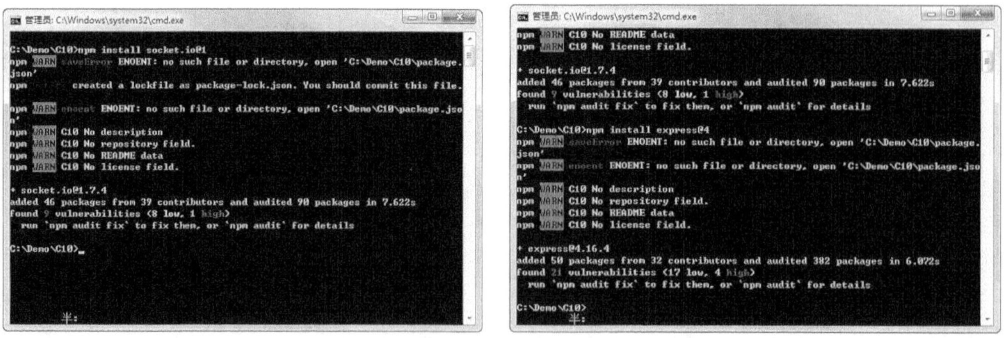

图 10-12　安装第三方模块

（3）在 CMD 控制台输入"node app.js"，启动服务器，如图 10-13 所示。

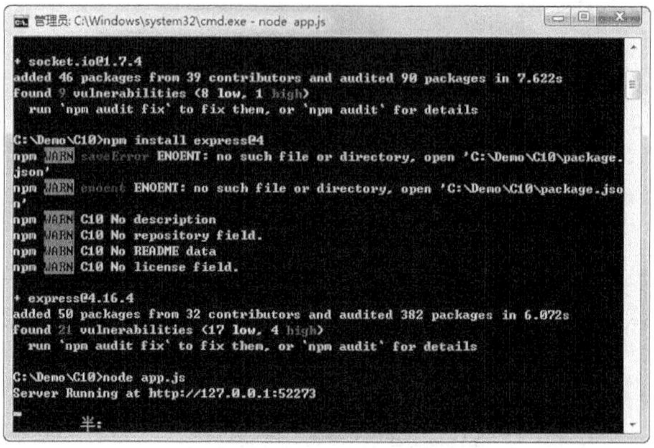

图 10-13　启动服务器

（4）打开浏览器（推荐最新的谷歌浏览器），在地址栏中输入 http://127.0.0.1:52273/，按〈Enter〉键，可以看到浏览器中的界面效果如图 10-14 所示。

（5）任意选择座位后，再打开一个新的浏览器，在地址栏中输入 http://127.0.0.1:52273/，按〈Enter〉键，可以看到座位信息的变化，如图 10-15 所示。

图 10-14　显示选座界面

图 10-15　座位信息的变化

小 结

本章在 express 模块的基础上，进一步介绍了 Express 框架的使用方法，并对 express 模块的核心文件 app.js 进行了详细的介绍，包括创建 Web 服务器、设置中间件和路由的配置等。最后通过一个选座购票的小示例，演示了如何使用 Express 框架。

上机指导

使用 Express 框架，完成一个简易的登录退出功能。具体操作如下。

（1）打开 CMD 控制台，进入 C:\Demo\C10 目录中，输入命令 "express –e test-10"，创建 test-10 项目，指定 ejs 模板引擎，如图 10-16 所示。

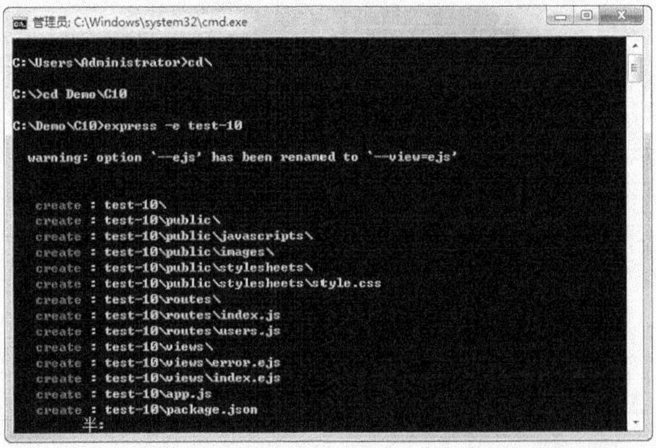

图 10-16　创建 test-10 项目

（2）在 CMD 控制台输入 "cd test-10" 和 "npm install" 命令，进入到 test-10 目录中，安装项目所需要的第三方模块，如图 10-17 所示。

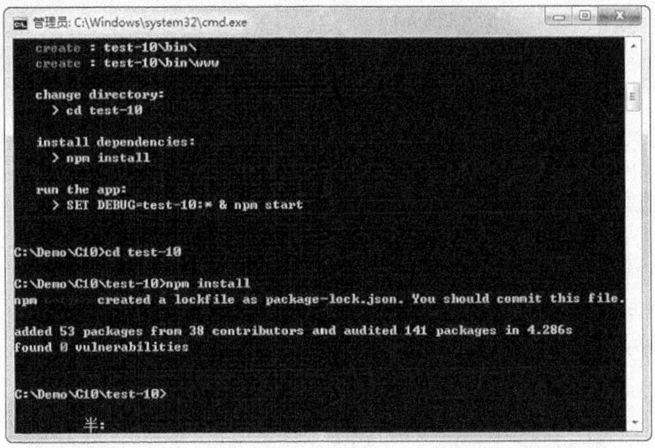

图 10-17　安装第三方模块

（3）在 CMD 控制台输入 "npm install –save express-session session-file-store" 命令，安装 express-session 第三方模块，如图 10-18 所示。

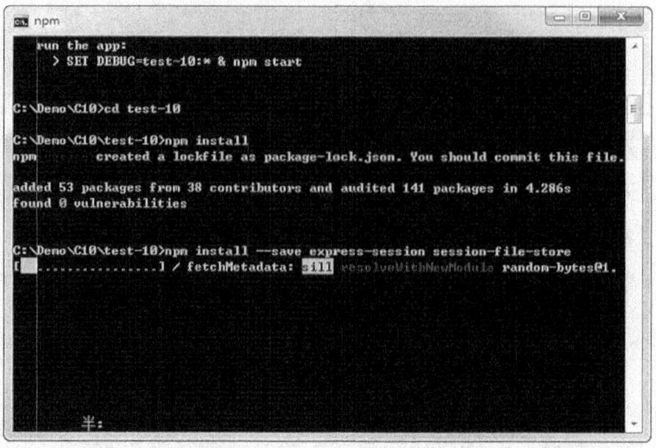

图 10-18　安装 express-session 第三方模块

（4）进入 test-10 项目中，将 app.js 文件用 WebStorm 编辑器打开。编写后的代码全部如下：

```
//引入第三方模块
var createError = require('http-errors');
var express = require('express');
var path = require('path');
var logger = require('morgan');
var session = require('express-session');
var FileStore = require('session-file-store')(session);
var bodyParser = require('body-parser');
var cookieParser = require('cookie-parser');
// 引入自定义模块
var indexRouter = require('./routes/index');
var usersRouter = require('./routes/users');
//创建服务器对象
var app = express();
var identityKey = 'skey';
var users = require('./users').items;

var findUser = function(name, password){
    return users.find(function(item){
        return item.name === name && item.password === password;
    });
};
// 对服务器进行设置
app.set('views', path.join(__dirname, 'views'));
app.set('view engine', 'ejs');
//设置中间件
app.use(logger('dev'));
app.use(express.json());
app.use(express.urlencoded({ extended: false }));
app.use(cookieParser());
app.use(express.static(path.join(__dirname, 'public')));
app.use(session({
    name: identityKey,
    secret: 'mingrisoft',  // 用来对session id相关的cookie进行签名
    store: new FileStore(),  // 本地存储session（文本文件，也可以选择其他store，比如redis的）
```

```
        saveUninitialized: false,    // 是否自动保存未初始化的会话, 建议false
        resave: false,    // 是否每次都重新保存会话, 建议false
        cookie: {
            maxAge: 1000 * 1000   // 有效期, 单位是毫秒
        }
    }));
app.get('/', function(req, res, next){
    var sess = req.session;
    var loginUser = sess.loginUser;
    var isLogined = !!loginUser;
    res.render('index', {
        isLogined: isLogined,
        name: loginUser || ''
    });
});
app.post('/login', function(req, res, next){
        var sess = req.session;
    var user = findUser(req.body.name, req.body.password);
    if(user){
        req.session.regenerate(function(err) {
            if(err){
                return res.json({ret_code: 2, ret_msg: '登录失败'});
            }
            req.session.loginUser = user.name;
            res.json({ret_code: 0, ret_msg: '登录成功'});
        });
    }else{
        res.json({ret_code: 1, ret_msg: '账号或密码错误'});
    }
});
app.get('/logout', function(req, res, next){
    // 备注: 这里用的 session-file-store 在destroy 方法里, 并没有销毁cookie
    // 所以客户端的 cookie 还是存在, 导致的问题 → 退出登录后, 服务端检测到cookie
    // 然后去查找对应的 session 文件, 报错
    req.session.destroy(function(err) {
        if(err){
            res.json({ret_code: 2, ret_msg: '退出登录失败'});
            return;
        }
        res.clearCookie(identityKey);
        res.redirect('/');
    });
});
app.use(function(req, res, next) {
  next(createError(404));
});
app.use(function(err, req, res, next) {
  res.locals.message = err.message;
  res.locals.error = req.app.get('env') === 'development' ? err : {};
  // 渲染错误页面
  res.status(err.status || 500);
```

```
      res.render('error');
});
module.exports = app;
```

上述代码中，使用 Express 框架创建 app 对象，启动服务器后，通过 get()方法监听 login 和 logout 两个 url 地址的内容。当用户输入上述地址时，会分别触发相应的具体方法。

（5）进入 test-10\views 目录中，使用 WebStorm 编辑器打开 index.ejs 文件。修改代码如下：

```html
<!DOCTYPE html>
<html>
<head>
    <title>会话管理</title>
</head>
<body>
<h1>会话管理</h1>
<% if(isLogined){ %>
    <p>当前登录用户: <%= name %>, <a href="/logout" id="logout">退出登录</a></p>
<% }else{ %>
    <form method="POST" action="/login">
        <input type="text" id="name" name="name" value="mingrisoft" />
        <input type="password" id="password" name="password" value="123456" />
        <input type="submit" value="登录" id="login" />
    </form>
<% } %>
<script type="text/javascript" src="/jquery-3.1.0.min.js"></script>
<script type="text/javascript">
    $('#login').click(function(evt){
        evt.preventDefault();
        $.ajax({
            url: '/login',
            type: 'POST',
            data: {
                name: $('#name').val(),
                password: $('#password').val()
            },
            success: function(data){
                if(data.ret_code === 0){
                    location.reload();
                }
            }
        });
    });
</script>
</body>
</html>
```

在 index.ejs 文件中，实现用户登录的界面代码使用 ejs 的语法规则判断当前用户是否已经是登录状态。如果没有登录，则使用\<form\>表单，提交方式是 post，将用户名和密码信息提交给服务器进行判断；如果登录成功，则直接显示当前用户登录的信息。

（6）将 jquery-3.1.0.min.js 文件放入 test-10\public 文件中，将 user.js 文件放入 test-10 根目录下，设置用户名是 mingrisoft，密码是 123456, user.js 的代码如下：

```
module.exports = {
  items: [
      {name: 'mingrisoft', password: '123456'}
  ]
};
```

（7）在 CMD 控制台，输入"npm start"，启动程序，就可以看到如图 10-19 所示的执行结果。

图 10-19　启动服务器

（8）打开浏览器（推荐最新的谷歌浏览器），在地址栏中输入 http://127.0.0.1:3000 后，按〈Enter〉键，用户登录退出的效果如图 10-20 所示。

图 10-20　用户登录退出界面效果

习 题

10-1　express 模块和 Express 框架的区别是什么？

10-2　Express 框架如何创建 Web 服务器？

10-3　Express 框架如何设置中间件？

第11章

socket.io模块

本章要点

■ 学习socket.io模块的基本操作
■ 学习socket通信的种类

Node.js 中有一个非常强大的模块，就是 socket.io 模块。socket.io 模块封装了非常简单的方法，可以实现 WebSocket 协议的实时通信。本章将学习 socket.io 模块的基本使用方法，并完成一个简单的聊天室项目。

11.1 socket.io 模块的基本操作

socket.io 模块的使用，主要包括创建 WebScoket 服务器、创建 WebSocket 客户端和创建 WebSocket 事件三部分。在使用 socket.io 模块之前，首先要通过 npm 命令下载 socket.io 模块。命令如下：

```
npm install socket.io@1
```

在代码中使用 require()方法将 socket.io 模块引入进来。代码如下：

```
var socketio = require('socket.io');
```

接下来，通过一个简单的例子来学习 socket.io 的基本操作。创建图 11-1 所示的两个文件。socketServer.js 文件是 WebScoket 服务器文件，HTMLPage.html 文件是 WebSocket 客户端文件。

HTMLPage.html   socketServer.js

图 11-1　示例的文件构成

11.1.1 创建 WebSocket 服务器

创建 WebSocket
服务器

首先我们来创建 WebSocket 服务器。socket.io 模块中提供了 listen()方法用于创建 WebSocket 服务器。具体操作如下。

（1）打开 WebStorm 编辑器，创建 socketServer.js 文件。编写代码如下：

```
// 引入模块
var http = require('http');
var fs = require('fs');
var socketio = require('socket.io');
// 创建Web服务器
var server = http.createServer(function (request, response) {
    // 读取HTMLPage.html
    fs.readFile('HTMLPage.html', function (error, data) {
        response.writeHead(200, { 'Content-Type': 'text/html' });
        response.end(data);
    });
}).listen(52273, function () {
    console.log('服务器监听地址在 http://127.0.0.1:52273');
});
// 创建WebSocket服务器
var io = socket.io.listen(server);
io.sockets.on('connection', function (socket) {
    console.log('客户端已连接! ');
});
```

在上面的代码中，首先引入 http、fs 和 socket.io 模块，然后创建 Web 服务器，再创建 WebSocket 服务器，并且为其设置 connection 监听事件，当用户在 WebSocket 客户端发起 socket 请求时，会触发该事件。

WebSocket 服务器的监听端口与 Web 服务器的监听端口都是 52273，这里需要注意一下。

（2）将 socketServer.js 文件放到 C:\Demo\C11 目录中，这个目录用于放置第 11 章学习的代码文件。

（3）使用 CMD 控制台，进入 C:\Demo\C11 目录中，输入 "node socketServer.js"，就可以看到图 11-2 所示的执行结果。

图 11-2　WebSocket 服务器的执行效果

 WebSocket 客户端的代码没有编写，所以此时 WebSocket 服务器没有任何反应。

11.1.2　创建 WebSocket 客户端

创建 WebSocket
客户端

接下来，创建 WebSocket 客户端的文件——HTMLPage.html，这里需要引用 socket.io.js 文件。具体操作如下。

（1）打开 WebStorm 编辑器，创建 HTMLPage.html 文件。编写代码如下：

```html
<!DOCTYPE html>
<html>
<head>
    <script src="/socket.io/socket.io.js"></script>
    <script>
        window.onload = function () {
            // 连接socket
            var socket = io.connect();
        };
    </script>
</head>
<body>
</body>
</html>
```

观察上述代码可以发现，使用 io 对象的 connect() 方法就可以自动连接 WebSocket 服务器。

 观察文件组织，并没有 socket.io.js 的文件。实际上，使用 socket.io 模块时，socket.io.js 就自动下载到项目中。在 CMD 控制台中，启动 Web 服务器后，打开浏览器，在地址栏中输入 http://127.0.0.1:52273/socket.io/socket.io.js 地址，开始出现图 11-3 所示的界面。

图 11-3　自动下载 socket.io.js 文件

（2）将 HTMLPage.html 文件放到 C:\Demo\C11 目录中。

（3）使用 CMD 控制台，进入 C:\Demo\C11 目录中，输入"node socketServer.js"，就可以看到图 11-4 所示的执行结果。

（4）打开浏览器（推荐最新的谷歌浏览器），在地址栏中输入 http://127.0.0.1:/52273 后，按〈Enter〉键，观察 CMD 控制台，可以看到图 11-5 所示的界面效果。

图 11-4　WebSocket 服务器的执行效果

图 11-5　WebSocket 服务器连接到客户端

11.1.3　创建 WebSocket 事件

最后让 WebSocket 服务器端和客户端交换数据。socket.io 模块使用事件的方式进行数据交换。

socket.io 模块的事件如表 11-1 所示。

创建 WebSocket
事件

表 11-1　socket.io 模块的事件

事件名称	说明
connection	连接客户端时，触发该事件
disconnect	解除客户端连接时，触发该事件

socket.io 模块的方法如表 11-2 所示。

表 11-2　socket.io 模块的方法

方法名称	说明
on()	监听 socket 事件
emit()	发送 socket 事件

在 socketServer.js（服务器端）文件和 HTMLPage.html 文件的基础上，添加 societ.io 模块的事件代码，具体操作如下。

（1）使用 WebStorm 编辑器，编辑 socketServer.js 文件。修改代码如下：

```
// 引入模块
var http = require('http');
var fs = require('fs');
var socketio = require('socket.io');
// 创建Web服务器
var server = http.createServer(function (request, response) {
    // 读取HTMLPage.html
    fs.readFile('HTMLPage.html', function (error, data) {
        response.writeHead(200, { 'Content-Type': 'text/html' });
        response.end(data);
    });
}).listen(52273, function () {
    console.log('服务器监听地址在 http://127.0.0.1:52273');
});
// 创建WebSocket服务器
var io = socketio.listen(server);
io.sockets.on('connection', function (socket) {
    console.log('客户端已连接！');
    // 监听客户端的事件clientData
    socket.on('clientData', function (data) {
        // 输出客户端发来的数据
        console.log('客户端发来的数据是:', data);
        // 向客户端发送serverData事件和数据
        socket.emit('serverData', data);
    });
});
```

观察上述代码，使用 socket.on()方法，监听 clientData 事件和 clientData 中的数据。同时使用 socket.emit()方法发送 serverData 事件和数据。

（2）使用 WebStorm 编辑器，编辑 HTMLPage.html 文件。修改代码如下：

```
<!DOCTYPE html>
<html>
<head>
    <script src="/socket.io/socket.io.js"></script>
    <script>
        window.onload = function () {
            // 生成socket对象
            var socket = io.connect();
            // 监听服务器端的事件和数据
            socket.on('serverData', function (data) {
                alert(data);
            });
            //创建表单点击事件
            document.getElementById('button').onclick = function () {
                // 获取表单数据
                var text = document.getElementById('text').value;
                // 向服务器端发送clientData事件和数据
                socket.emit('clientData', text);
```

```
                };
            };
        </script>
    </head>
    <body>
    <input type="text" id="text" />
    <input type="button" id="button" value="send" />
    </body>
    </html>
```

客户端的代码与服务器端的代码类似，也是使用 on()方法和 emit()方法，监听 serverData 事件和发送 clientData 事件。

（3）使用 CMD 控制台，进入 C:\Demo\C11 目录中，输入"node socketServer.js"，就可以看到图 11-6 所示的执行结果。

（4）打开浏览器（推荐最新的谷歌浏览器），在地址栏中输入 http://127.0.0.1:/52273 后，按〈Enter〉键，在表单中输入"hello Node.js"，可以看到图 11-7 所示的浏览器界面效果。

图 11-6　WebSocket 服务器的执行效果　　　　图 11-7　WebSocket 客户端的界面

（5）此时，再观察 CMD 控制台，可以看到图 11-8 所示的界面效果。

图 11-8　WebSocket 服务器接收到客户端的数据

11.2　socket 通信的类型

使用 socket.io 模块进行 socket 数据通信，主要有三种类型，如表 11-3 所示。

表 11-3　socket 通信类型

类型名称	说明
public	向所有客户端传递数据（包含自己）
broadcast	向所有客户端传递数据（不包含自己）
private	向特定客户端传递数据

下面分别介绍这三种通信类型。

11.2.1 public 通信类型

public 通信类型

public 通信类型的示意图如图 11-9 所示。客户 A 向 WebSocket 服务器发送一个事件，WebSocket 所有的客户端（客户 A、客户 B 和客户 C）都会接收到这个事件。

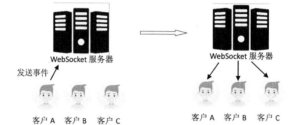

图 11-9　public 通信类型示意图

使用 public 通信的方法非常简单，直接使用 io.sockets.emit()方法就可以。具体操作如下。

（1）使用 WebStorm 编辑器创建 socketServer.js 文件。编写代码如下：

```javascript
// 引入模块
var http = require('http');
var fs = require('fs');
var socketio = require('socket.io');
// 创建Web服务器
var server = http.createServer(function (request, response) {
    // 读取HTMLPage.html
    fs.readFile('HTMLPage.html', function (error, data) {
        response.writeHead(200, { 'Content-Type': 'text/html' });
        response.end(data);
    });
}).listen(52273, function () {
    console.log('服务器监听地址在 http://127.0.0.1:52273');
});
// 创建WebSocket服务器
var io = socketio.listen(server);
io.sockets.on('connection', function (socket) {
    // 监听客户端的事件clientData
    socket.on('clientData', function (data) {
        // public 通信类型
        io.sockets.emit('serverData', data);
    });
});
```

（2）使用 CMD 控制台，进入 C:\Demo\C11 目录中，输入"node socketServer.js"，就可以看到图 11-10 所示的执行结果。

图 11-10　WebSocket 服务器的执行效果

（3）分别打开两个浏览器（推荐最新的谷歌浏览器），在地址栏中输入 http://127.0.0.1:/52273 后，按〈Enter〉键，在表单中输入"hello Node.js"，可以看到图 11-11 所示的浏览器界面效果。

图 11-11　public 通信的界面效果

11.2.2　broadcast 通信类型

broadcast 通信类型的示意图如图 11-12 所示。客户 A 向 WebSocket 服务器发送一个事件，WebSocket 所有的客户端（除了客户 A）都会接收到这个事件。

broadcast 通信类型

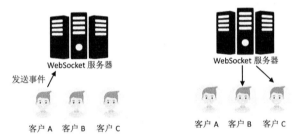

图 11-12　broadcast 通信类型示意图

broadcast 通信使用 socket.broadcast.emit()方法就可以。具体操作如下。

（1）使用 WebStorm 编辑器创建 socketServer.js 文件。编写代码如下：

```
// 引入模块
var http = require('http');
var fs = require('fs');
var socketio = require('socket.io');
// 创建Web服务器
var server = http.createServer(function (request, response) {
    // 读取HTMLPage.html
    fs.readFile('HTMLPage.html', function (error, data) {
        response.writeHead(200, { 'Content-Type': 'text/html' });
        response.end(data);
    });
}).listen(52273, function () {
    console.log('服务器监听地址在 http://127.0.0.1:52273');
});
// 创建WebSocket服务器
var io = socketio.listen(server);
io.sockets.on('connection', function (socket) {
    // 监听客户端的事件clientData
    socket.on('clientData', function (data) {
```

```
        // broadcast通信类型
        socket.broadcast.emit('serverData', data);
    });
});
```

（2）使用 CMD 控制台，进入 C:\Demo\C11 目录中，输入"node socketServer.js"，就可以看到图 11-13 所示的执行结果。

图 11-13　WebSocket 服务器的执行效果

（3）分别打开两个浏览器（推荐最新的谷歌浏览器），在地址栏中输入 http://127.0.0.1:/52273 后，按〈Enter〉键，在表单中输入 "hello Node.js"，可以看到图 11-14 所示的浏览器界面效果。

图 11-14　broadcast 通信的界面效果

11.2.3　private 通信类型

private 通信类型的示意图如图 11-15 所示。客户 A 向 WebSocket 服务器发送一个事件，WebSocket 会向指定的客户端（客户 C）发送这个事件。

private 通信类型

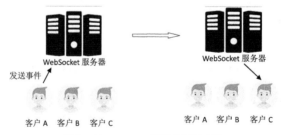

图 11-15　private 通信类型示意图

broadcast 通信使用 sockets.to(id).emit() 方法就可以。具体操作如下。

（1）使用 WebStorm 编辑器，创建 socketServer.js 文件。编写代码如下：

```
// 引入模块
var http = require('http');
var fs = require('fs');
var socketio = require('socket.io');
// 创建Web服务器
```

```
var server = http.createServer(function (request, response) {
    // 读取HTMLPage.html
    fs.readFile('HTMLPage.html', function (error, data) {
        response.writeHead(200, { 'Content-Type': 'text/html' });
        response.end(data);
    });
}).listen(52273, function () {
    console.log('服务器监听地址在 http://127.0.0.1:52273');
});
// 创建WebSocket服务器
var id = 0;
var io = socketio.listen(server);
io.sockets.on('connection', function (socket) {
    // 指定id.
    id = socket.id;
    // 监听客户端的事件clientData
    socket.on('clientData', function (data) {
        // private通信类型
        io.sockets.to(id).emit('serverData', data);
    });
});
```

（2）使用 CMD 控制台，进入 C:\Demo\C11 目录中，输入"node socketServer.js"，就可以看到图 11-16 所示的执行结果。

图 11-16　WebSocket 服务器的执行效果

（3）分别打开两个浏览器（推荐最新的谷歌浏览器），在地址栏中输入 http://127.0.0.1:/52273 后，按〈Enter〉键，在表单中输入"hello Node.js"，可以看到图 11-17 所示的浏览器界面效果。

图 11-17　private 通信的界面效果

使用 private 通信方式，WebSocket 服务器会随机选择客户端发送事件。

11.3　项目实战——聊天室

> 【例11-1】下面根据所学的socket相关内容制作一个简单的聊天室，界面效果如图11-18所示。（实例位置：资源包\MR\源码\第11章\11-1）

图11-18　项目的界面效果

11.3.1　服务器端代码实现

服务器端实现的原理如图11-19所示。我们在客户端创建一个自定义的message事件，发送给服务器端，服务器端接收到message事件以及传递的数据，将数据发送给所有的客户端共享。

服务器端代码实现

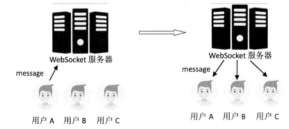

图11-19　聊天室的实现原理

打开WebStorm编辑器，创建app.js文件，编写代码如下：

```javascript
// 引入模块
var http = require('http');
var fs = require('fs');
var socketio = require('socket.io');
// 创建Web服务器
var server = http.createServer(function (request, response) {
  // 读取HTMLPage.html文件
```

```
    fs.readFile('HTMLPage.html', function (error, data) {
        response.writeHead(200, { 'Content-Type': 'text/html' });
        response.end(data);
    });
}).listen(52273, function () {
    console.log('服务器监听地址在 http://127.0.0.1:52273');
});
// 创建WebSocket服务器
var io = socketio.listen(server);
io.sockets.on('connection', function (socket) {
    // 监听message事件
    socket.on('message', function (data) {
        // 使用public通信方式，向所有客户端传递数据
        io.sockets.emit('message', data);
    });
});
```

使用 socket.on() 方法监听自定义事件 message，然后使用 public 通信方式向所有的客户端传递接收到的信息。

11.3.2　客户端代码实现

客户端代码实现

客户端使用了 jQuery Mobile 组件，支持移动端的浏览使用，让用户体验更好。具体操作是使用 WebStorm 编辑器创建 HTMLPage.html 文件。编写代码如下：

```html
<!DOCTYPE html>
<html>
<head>
  <title>聊天室</title>
  <meta charset="UTF-8">
  <meta name="viewport" content="width=device-width, initial-scale=1" />
  <link rel="stylesheet" href="https://code.jquery.com/mobile/1.4.5/jquery.mobile-1.4.5.min.css" />
  <script src="https://code.jquery.com/jquery-1.11.1.min.js"></script>
  <script src="https://code.jquery.com/mobile/1.4.5/jquery.mobile-1.4.5.min.js"></script>
  <script src="/socket.io/socket.io.js"></script>
  <script>
    $(document).ready(function () {
      // 生成socket对象
      var socket = io.connect();
      // 监听message事件
      socket.on('message', function (data) {
        // 创建字符串变量output
        var output = '';
        output += '<li>';
        output += '    <h3>' + data.name + '</h3>';
        output += '    <p>' + data.message + '</p>';
        output += '    <p>' + data.date + '</p>';
        output += '</li>';
        // 添加文本数对象
        $(output).prependTo('#content');
        $('#content').listview('refresh');
      });
```

```
      // 单击按钮时
    $('button').click(function () {
      socket.emit('message', {
        name: $('#name').val(),
        message: $('#message').val(),
        date: new Date().toUTCString()
      });
    });
  });
  </script>
</head>
<body>
  <div data-role="page">
    <div data-role="header">
      <h1>聊天室</h1>
    </div>
    <div data-role="content">
      <h3>昵称</h3>
      <input id="name" />
      <a data-role="button" href="#chatpage">开始聊天</a>
    </div>
  </div>
  <div data-role="page" id="chatpage">
    <div data-role="header">
      <h1>聊天室</h1>
    </div>
    <div data-role="content">
      <input id="message" />
      <button>发送信息</button>
      <ul id="content" data-role="listview" data-inset="true"></ul>
    </div>
  </div>
</body>
</html>
```

用浏览器打开客户端的代码 HTMLPage.html，界面如图 11-20 所示。

图 11-20 客户端的界面效果

11.3.3 执行项目

执行项目的具体操作步骤如下。

执行项目

（1）将 app.js 文件和 HTMLPage.html 文件放到 C:\Demo\C11 目录中。

（2）打开 CMD 控制台，进入 C:\Demo\C11 目录，输入 "node app.js"，启动服务器，如图 11-21 所示。

（3）分别打开两个浏览器（推荐最新的谷歌浏览器），在地址栏中输入 http://127.0.0.1:52273/后，按 〈Enter〉键，可以看到浏览器中的界面效果如图 11-22 所示。

图 11-21　启动服务器　　　　　　　　　　图 11-22　客户端的界面

（4）分别创建两个用户（实际上可以创建更多用户，请尝试试验），进入聊天室进行聊天，如图 11-23 所示。

图 11-23　聊天室界面效果

小　结

　　本章介绍了 socket.io 模块的基本操作，包括创建 WebSocket 服务器、创建 WebSocket 客户端和创建 WebSocket 事件；介绍了 socket 的三种通信类型（public 方式、broadcast 方式和 private 方式）；最后通过一个简单的聊天室项目介绍了 socket.io 模块的相关操作。

上机指导

使用 socket.io 模块完成一个聊天室创建房间的功能。具体操作如下。

（1）创建图 11-24 所示的两个文件。test-11.js 文件是 WebSocket 服务器文件，test-11.html 文件是 WebSocket 客户端文件。

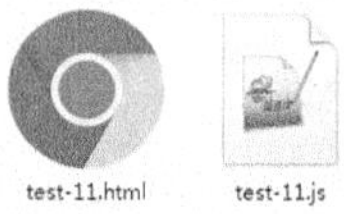

图 11-24　示例的文件构成

（2）使用 WebStorm 编辑器创建 test-11.js 文件。在 test-11.js 文件中，使用 http 模块创建 server 对象后启动服务器，同时通过 socket.io 模块创建 io 对象，监听客户端的事件。编写代码如下：

```javascript
// 引入模块
var fs = require('fs');
// 创建服务器
var server = require('http').createServer();
var io = require('socket.io').listen(server);

// 启动服务器
server.listen(52273, function () {
    console.log('服务器监听地址是 http://127.0.0.1:52273');
});
// 监听request事件
server.on('request', function (request, response) {
    // 读取客户端文件
    fs.readFile('test-11.html', function (error, data) {
        response.writeHead(200, { 'Content-Type': 'text/html' });
        response.end(data);
    });
});
// 监听connection事件
io.sockets.on('connection', function (socket) {
    // 创建房间名称
    var roomName = null;
    // 监听join事件
    socket.on('join', function (data) {
        roomName = data;
        socket.join(data);
    });
    // 监听message事件
    socket.on('message', function (data) {
        io.sockets.in(roomName).emit('message', 'test');
    });
});
```

（3）使用 WebStorm 编辑器创建 test-11.html 文件。在客户端 test-11.html 文件中，通过 io 对象的 connect()方法连接服务器端的 socket 对象。使用 emit()方法向服务器发送 socket 事件，使用 on()方法接收服务器端返回的数据内容。编写代码如下：

```html
<!DOCTYPE html>
<html>
<head>
  <meta charset="utf8" />
  <script src="https://code.jquery.com/jquery-1.12.4.js"></script>
  <script src="/socket.io/socket.io.js"></script>
  <script>
    window.onload = function () {
      // 声明变量.
      var room = prompt('请输入房间名称', '');
      var socket = io.connect();
      // 发送socket事件
      socket.emit('join', room);
      socket.on('message', function (data) {
        $('<p>' + data + '</p>').appendTo('body');
      });
      document.getElementById('button').onclick = function () {
        socket.emit('message', 'socket.io room message');
      };
    };
  </script>
</head>
<body>
  <button id="button">测试</button>
</body>
```

（4）将 test-11.js 文件和 test-11.html 文件放入 C:\Demo\C11 目录中。

（5）使用 CMD 控制台，进入 C:\Demo\C11 目录中，输入"node test-11.js"，就可以看到图 11-25 所示的执行结果。

图 11-25　启动服务器

（6）分别打开三个浏览器（推荐最新的谷歌浏览器），在地址栏中输入 http://127.0.0.1:/52273 后，按〈Enter〉键，两个浏览器输入相同的房间号，一个浏览器输入不同的房间号，测试创建房间效果。最后可以看到图 11-26 所示的浏览器界面效果。

图 11-26　创建房间的测试效果

习　题

11-1　socket 通信有哪些类型？

11-2　socket.io 模块有哪些事件？

11-3　socket.io 模块有哪些方法？

PART 12

第12章

MongoDB数据库

本章要点

■ 学习MongoDB数据库的基本操作

■ 学习使用Node.js中的mongojs模块

MongoDB 是一个基于分布式文件存储的数据库，由 C++语言编写，旨在为 Web 应用提供可扩展的高性能数据存储解决方案。MongoDB 是使用 JavaScript 语言管理数据的数据库，同样也使用 V8 JavaScript 引擎。本章将学习 MongoDB 数据库技术，以及在 Node.js 中应用 mongojs 模块链接 MongoDB 数据库的方法。

12.1 认识 MongoDB 数据库

关系型数据库和非关
系型数据库

12.1.1 关系型数据库和非关系型数据库

1. 关系型数据库

关系型数据库指采用了关系模型来组织数据的数据库。关系模型指的就是二维表格模型，而一个关系型数据库就是由二维表及其之间的联系所组成的一个数据组织。

关系模型中常用的概念如下。

（1）关系。一张二维表，每个关系都具有一个关系名，也就是表名。

（2）元组。二维表中的一行，在数据库中被称为记录。

（3）属性。二维表中的一列，在数据库中被称为字段。

（4）域。属性的取值范围，也就是数据库中某一列的取值限制。

（5）关键字。一组可以唯一标识元组的属性，数据库中常称为主键，由一个或多个列组成。

（6）关系模式。指对关系的描述。其格式为：关系名（属性 1，属性 2，…，属性 N），在数据库中称为表结构。

MySQL 数据库就是典型的关系型数据库。关系型数据库具有如下几个优点。

（1）容易理解。二维表结构是非常贴近逻辑世界的一个概念，关系模型相对网状、层次等其他模型来说更容易理解。

（2）使用方便。通用的 SQL 使操作关系型数据库非常方便。

（3）易于维护。丰富的完整性（实体完整性、参照完整性和用户定义的完整性）大大降低了数据冗余和数据不一致的概率。

关系型数据库的缺点如下。

（1）网站的用户并发性非常高，往往达到每秒上万次读写请求，对于传统关系型数据库来说，硬盘 I/O 是一个很大的瓶颈。

（2）网站每天产生的数据量是巨大的，对于关系型数据库来说，在一张包含海量数据的表中查询，效率是非常低的。

（3）在基于 Web 的结构当中，数据库是最难进行横向扩展的，当一个应用系统的用户量和访问量与日俱增的时候，数据库却没有办法像 Web Server 和 app server 那样简单地通过添加更多的硬件和服务节点来扩展性能和负载能力。当需要对数据库系统进行升级和扩展时，往往需要停机维护和数据迁移。

2. 非关系型数据库

非关系型数据库指非关系型的、分布式的、且一般不保证遵循 ACID 原则的数据存储系统。非关系型数据库以键值对存储，且结构不固定，每一个元组可以有不一样的字段，每个元组可以根据需要增加一些自己的键值对，不局限于固定的结构，可以减少一些时间和空间的开销。

MongoDB 是典型的非关系型数据库，优点如下。

（1）用户可以根据需要去添加自己需要的字段。为了获取用户的不同信息，仅需要根据 id 取出相应的 value 就可以完成查询，不像关系型数据库，要对多表进行关联查询。

（2）适用于社交网络服务（Social Networking Services，SNS）中，例如微博。系统的升级，功能的增加，往往意味着数据结构发生巨大变动，这一点关系型数据库难以应付，需要新的结构化数据存储。由于不可能用一种数据结构化存储应付所有的新需求，因此，非关系型数据库严格上不是一种数据库，而是一种数据结构化存储方法的集合。

非关系型数据库的缺点，只适合存储一些较为简单的数据，对于需要进行较复杂查询的数据，关系型数据库显得更为合适。不适合持久存储海量数据。

MongoDB 数据库的
下载与安装

12.1.2 MongoDB 数据库的下载与安装

下面以 Windows 7 系统为例，学习如何下载和安装 MongoDB 数据库。具体操作步骤如下。

（1）打开浏览器（推荐最新谷歌浏览器），输入 MongoDB 数据库的下载地址，单击图 12-1 所示的 "Download" 按钮。

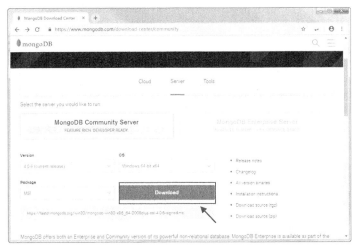

图 12-1　MongoDB 的安装地址

本书在写作时，MongoDB 数据库的最新版本是 4.0.6。

（2）下载完成后，将得到一个名称为 mongodb-win32-x86_64-2008plus-ssl-4.0.6-signed.msi 的安装文件。双击后，在弹出的窗口中单击 "运行" 按钮，即可进行 MongoDB 数据库的安装，如图 12-2 所示。

（3）在弹出的欢迎安装界面中单击 "Next" 按钮即可，如图 12-3 所示。

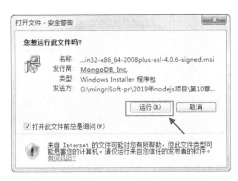

图 12-2　运行 MongoDB 的安装文件

图 12-3　MongoDB 安装文件的欢迎安装界面

（4）在安装协议界面中，首先选中"I accept the terms in the License Agreement"，再单击"Next"按钮即可，如图 12-4 所示。

（5）在安装类型界面中，首先选中"Custom"选项，再单击"Next"按钮即可，如图 12-5 所示。

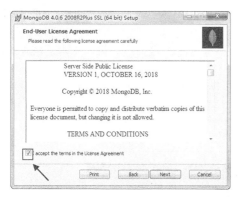

图 12-4　MongoDB 数据库的安装协议界面

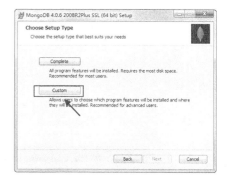

图 12-5　选择安装类型

（6）在安装地址中，可以单击"Browse"按钮，选择 MongoDB 数据库的安装地址，也可以默认安装，再单击"Next"按钮即可，如图 12-6 所示。

 本书将 MongoDB 数据库安装在"D:\Program Files\MongoDB"文件夹里。

（7）在服务配置选项中，单击"Next"按钮即可，如图 12-7 所示。

图 12-6　选择安装地址

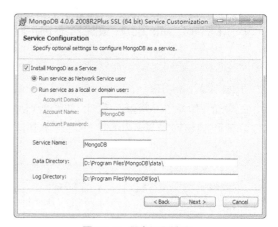

图 12-7　服务配置选项

（8）在安装 MongoDB Compass 界面中，取消默认选中的"Install MongoDB Compass"，再单击"Next"按钮即可。因为 MongoDB Compass 是图形界面操作 MongoDB 的服务，安装起来非常耗时，所以不再安装，如图 12-8 所示。

（9）各种配置设置完毕后，单击"Install"按钮开始安装 MongoDB 数据库，如图 12-9 所示。

（10）安装进度画面如图 12-10 所示。

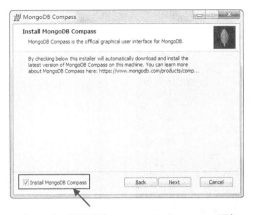
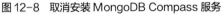

图 12-8　取消安装 MongoDB Compass 服务

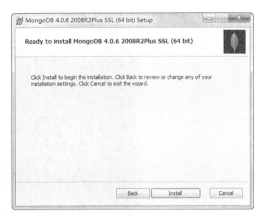

图 12-9　开始安装

（11）安装成功后，提示重新启动计算机，才能使用 MongoDB 数据库，单击 "Yes" 按钮即可，如图 12-11 所示。

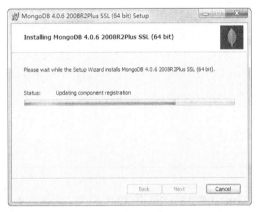

图 12-10　安装进度画面

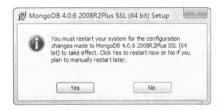

图 12-11　重启计算机，使用 MongoDB 数据库

（12）计算机重启后，配置计算机的环境变量。①找到并单击计算机的 "环境变量"；②找到系统变量中的 "Path" 变量，单击 "编辑" 按钮；③在弹出的编辑框中，将 ";D:\Program Files\MongoDB\bin" 内容添加到变量值中。输入时，最前面英文字符法下的 ";" 分号不要忘记添加，如图 12-12 所示。

图 12-12　修改计算机环境变量

（13）打开 CMD 控制台，输入 "mongo"，进入 MongoDB 数据库的操作界面。如果 MongoDB 数据库安

装成功的话，会出现图 12-13 所示的界面。

图 12-13　在 CMD 控制台测试 MongoDB 数据库是否安装成功

12.2　MongoDB 数据库的基本命令

使用 JavaScript
语言

下面来学习 MongoDB 数据库的常用命令。

12.2.1　使用 JavaScript 语言

MongoDB 数据库使用 JavaScript 语言管理数据库信息，所以在操控 MongoDB 数据库时，完全可以编写 JavaScript 代码实现。

例如，可以进行加、减、乘、除四则运算，如图 12-14 所示。

也可以添加控制语言代码，如图 12-15 所示。

图 12-14　四则运算　　　　　　　　　　　　　图 12-15　添加控制语句

在 MongoDB 数据库中，使用 db 对象管理数据库，如图 12-16 所示，输入 db 后，可以显示当前数据库的对象和集合。

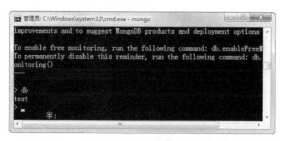

图 12-16　使用 db 对象

12.2.2　数据库、集合与文档

MongoDB 数据库的特点是一个数据库是由多个集合构成，而一个集合又是由多个文档来构成的，如图 12-17 所示。

数据库、集合与文档

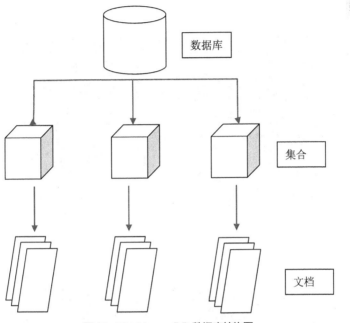

图 12-17　MongoDB 数据库结构图

如果将 MongoDB 数据库与前面学习过的 MySQL 数据库进行比较，二者的区别如表 12-1 所示。

表 12-1　MySQL 数据库与 MongoDB 数据库的比较

MySQL 数据库	MongoDB 数据库	说明
database	database	数据库
table	collection	数据库表/集合
row	document	数据记录行/文档
column	field	数据字段/域
index	index	索引

创建数据库时，输入"use 数据库名称"即可。use 命令使用后，db 对象就变更到创建的数据库中了，如图 12-18 所示。

继续使用 createCollection() 方法可以创建集合，如图 12-19 所示。

图 12-18　创建数据库

图 12-19　创建集合

12.2.3　添加数据

添加数据

使用 save() 方法可以添加数据，具体操作步骤如下。

（1）首先进入 MongoDB 数据库的控制台，打开 CMD 控制台，输入 "mongo" 命令，可以看到图 12-20 所示的界面效果。

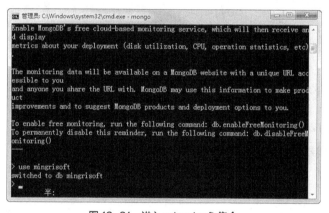

图 12-20　进入 MongoDB 控制台

（2）在 MongoDB 数据库的控制台中输入 "use mingrisoft"，按〈Enter〉键，如图 12-21 所示。

图 12-21　进入 mingrisoft 集合

（3）在 MongoDB 数据库的控制台中输入 "db.products.save({name:'pencil',price:500})"，添加一条数据（文档），如图 12-22 所示。

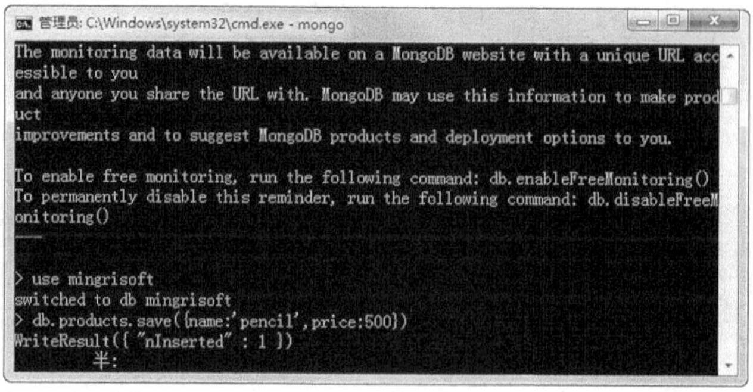

图 12-22　添加数据

（4）使用 find() 方法，可以查询集合中的数据。在 MongoDB 数据库的控制台中输入"db.products.save({name:'pencil',price:500})"，添加一条数据（文档），如图 12-23 所示。

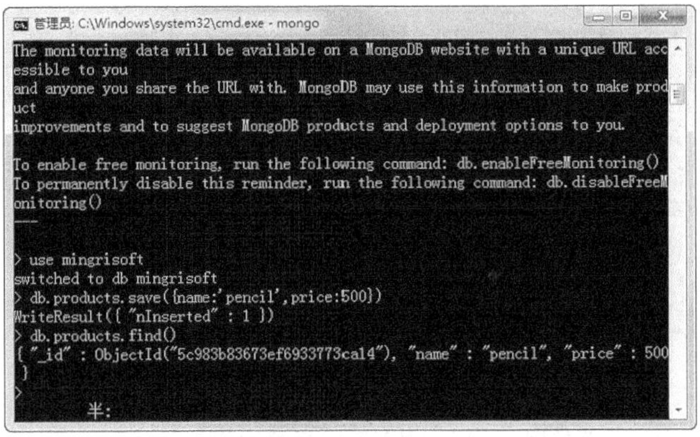

图 12-23　查询数据

（5）最后按照同样的方式，继续添加一些数据，如图 12-24 所示。

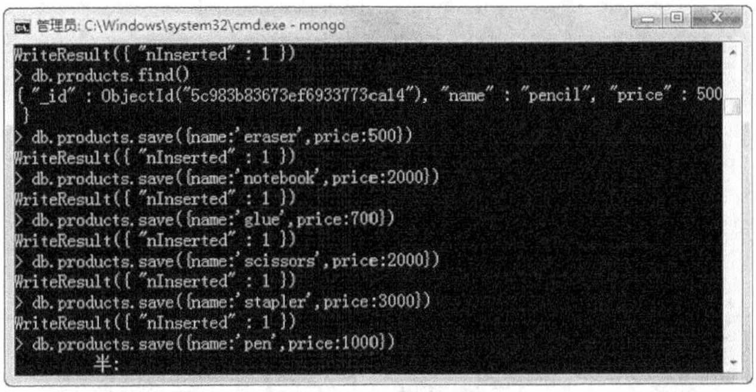

图 12-24　添加数据

12.2.4　查询数据

查询数据

在 MongoDB 数据库中使用 find() 方法进行查询数据。

如果想查询集合中的全部数据，直接使用 find() 方法就可以，如图 12-25 所示。

图 12-25　查询全部数据

如果不想显示某些字段的查询结果，比如 id 属性，那么就可以将 id 的属性值设置为 false，如图 12-26 所示。

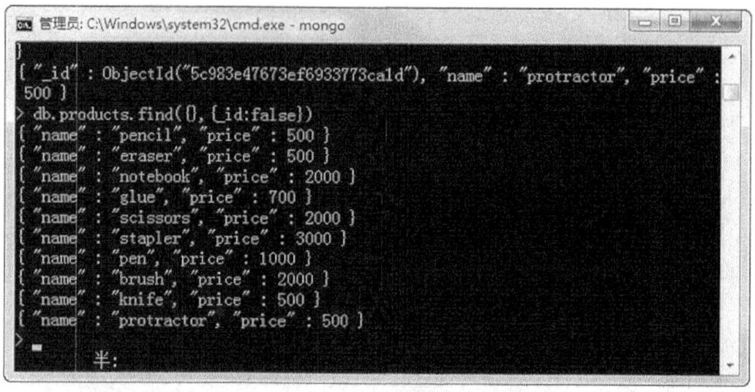

图 12-26　隐藏 id 属性

如果想查询 price 等于 500 的数据，可以使用图 12-27 所示的命令。

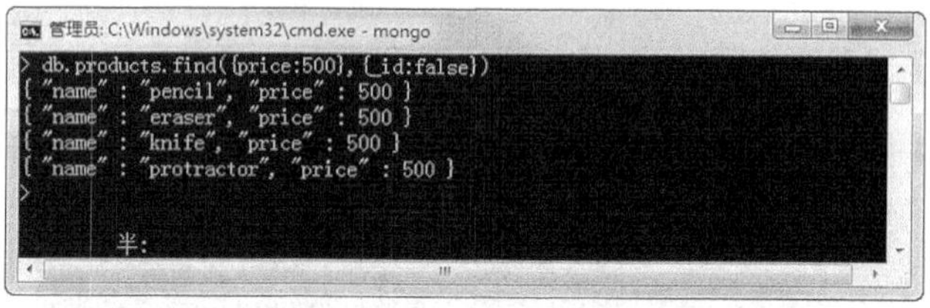

图 12-27　查询指定数据

如果想显示查询结果第一条的数据，可以使用图 12-28 所示的命令。

图 12-28　查询第一条数据

12.2.5　修改和删除数据

修改和删除数据

首先来学习如何修改数据，具体操作如下。

（1）首先创建变量 temp，然后使用 findOne() 方法将属性 name，属性值为 knife 的数据，赋值给变量 temp，如图 12-29 所示。

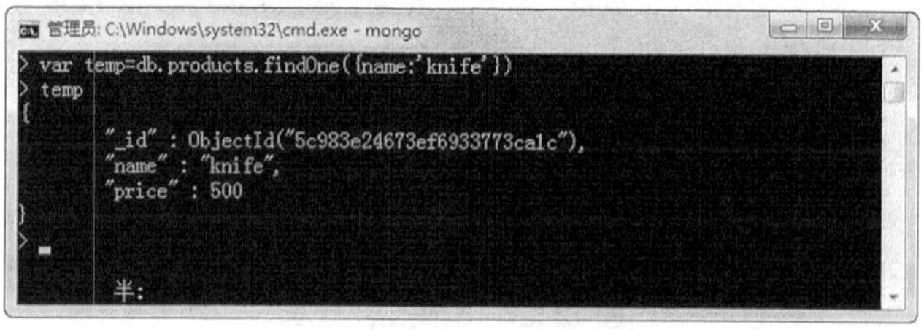

图 12-29　查询要修改的数据

（2）接下来，修改变量 temp 的属性 price，再使用 save() 方法将修改结果存入集合中，如图 12-30 所示。

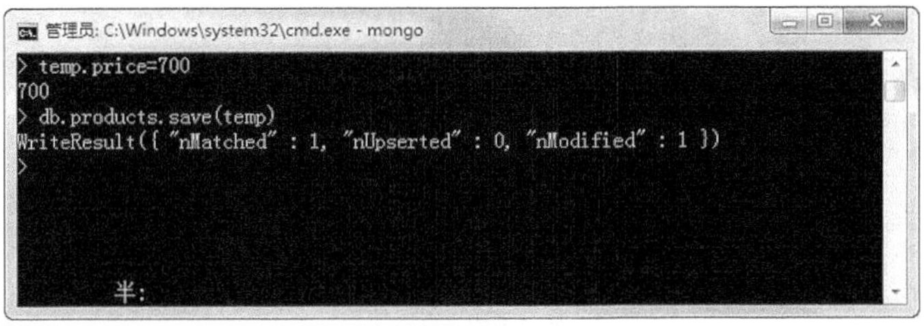

图 12-30　修改数据

（3）使用 find() 方法，查询修改结果，如图 12-31 所示。

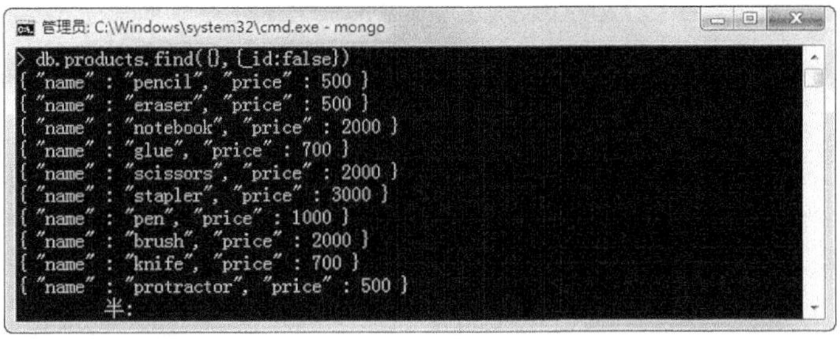

图 12-31　查询修改数据

删除数据非常简单，使用 remove() 方法即可。比如删除 name 属性值为 protractor 的数据，使用图 12-32 所示的命令即可。

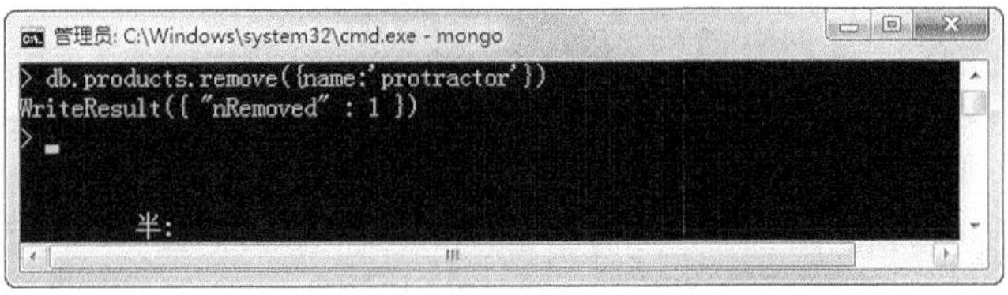

图 12-32　删除数据

12.3　项目实战——心情日记

【例 12-1】下面根据所学的相关内容，制作一个简单的网站——心情日记。这个网站可以完成日记的编写、展示、修改和删除功能，还可以实现登录、退出的功能，如图 12-33 所示。（实例位置：资源包\MR\源码\第 12 章\12-1）

由于篇幅限制，无法一步一步详细讲解各个功能的实现过程，只能将功能的核心代码重点讲解，其他功能代码，请读者对照项目的源代码，自行分析理解。

图 12-33　项目的界面效果

12.3.1　启动项目

下面介绍拿到一个 Demo 项目后如何启动项目、查看效果。具体操作如下。

（1）从本书的资源包找到项目 diary 文件夹后，复制到"C:\Demo\C12 目录中"，就可以看到项目的文件组成。可以发现，这是典型的使用 Express 框架的结构目录，如图 12-34 所示。

启动项目

（2）用记事本打开 package.json 文件，可以看到项目需要的第三方扩展模块，使用 npm 命令先将这些模块下载下来。打开 CMD 控制台，进入 C:\Demo\C12\diary 目录中，输入"npm　install"命令，就可以下载 package.json 文件中的第三方模块，如图 12-35 所示。

图 12-34　项目的文件结构

图 12-35　下载第三方模块

（3）添加初始数据。使用 CMD 控制台，通过"mongo"命令打开 MongoDB 数据库，使用"blog"集合，添加"post"和"user"两个文档，同时给 user 文档添加默认的账户。账户名和密码分别是 admin 和 admin。

具体代码如下：

```
// 创建数据库，添加管理员
use blog
db.createCollection('post')
db.createCollection('user')
db.user.save({
 user: 'admin', pass: 'b5c3cf2a3d16d391c8051abbf008c5c39c0957da2ff39fbb2655ac17bebe06cf'})
```

（4）继续在 CMD 控制台中输入 "node app.js"，如图 12-36 所示。

图 12-36　启动项目

（5）打开浏览器（推荐最新的谷歌浏览器），在地址栏中输入 http://127.0.0.1:3000/后，按〈Enter〉键，可以看到浏览器中的界面效果，如图 12-37 所示。

图 12-37　项目启动的界面

主页功能

12.3.2　主页功能

首先为项目配置 MongoDB 数据库相关集合，添加 "post" 和 "user" 两个集合，同时给 user 集合添加默认的账户，账户名和密码分别是 admin 和 admin。具体代码如下：

```
// 创建数据库，添加管理员
db.createCollection('post')
db.createCollection('user')
db.user.save({
 user: 'admin', pass: 'b5c3cf2a3d16d391c8051abbf008c5c39c0957da2ff39fbb2655ac17bebe06cf'})
```

分析项目中核心 app.js 文件中的代码，引入相应模块，创建服务器后，使用 MongoDB 数据库。代码如下：

```
// 引入mongojs第三方模块
var mongojs=require('mongojs');
var db=mongojs('blog', ['post', 'user']);
```

在路由配置部分，用户输入 http://127.0.0.1:3000/ 后，链接到 index.jade 文件。代码如下：

```
// 配置路由
app.get('/', function(req, res) {
```

```
    var fields = { subject: 1, body: 1, tags: 1, created: 1, author: 1 };
    db.post.find({ state: 'published'}, fields).sort({ created: -1}, function(err, posts) {
      if (!err && posts) {
        res.render('index.jade', { title: '心情日记', postList: posts });
      }
    });
});
```

index.jade 文件使用 jade 模块语法显示主页的页面信息。代码如下：

```
mixin blogPost(post)
  div.span6
    a(href="/post/#{post._id}")
      h3 #{post.subject}
    p #{post.body.substr(0, 250) + '...'}
    p#info
      div.tags
        for tag in post.tags
          strong
            a(href="#") #{tag}
      div.post-time
        em #{moment(post.created).format('YYYY-MM-DD HH:mm:ss')}
    p
      a(class="btn btn-small",href="/post/#{post._id}") 阅读更多 &raquo;
div.hero-unit
  h1 心情日记
  p 欢迎来到我的心情日记，这里有我最近的动态、想法和心情……
!=partial('alert', flash)
div
  - for (var i = 0; i < postList.length; i++)
    div.row
      mixin blogPost(postList[i])
      - if (i + 1 < postList.length)
        mixin blogPost(postList[++i])
```

12.3.3　添加日记功能

添加日记功能

app.js 文件中，添加日记功能的关键代码如下：

```
// 路由访问127.0.0.1:3000
app.get('/post/add', isUser, function(req, res) {
  res.render('add.jade', { title: '添加新的日记 '});
});
app.post('/post/add', isUser, function(req, res) {
  var values = {
      subject: req.body.subject
    , body: req.body.body
    , tags: req.body.tags.split(',')
    , state: 'published'
    , created: new Date()
    , modified: new Date()
    , comments: []
    , author: {
      username: req.session.user.user
```

```
    }
  };
  db.post.insert(values, function(err, post) {
    console.log(err, post);
    res.redirect('/');
  });
});
```

观察上述代码可以发现，首先通过 get()方法监听 url 为"/post/add"的路径，用户输入上述路径时，将"add.jade"文件返回给客户端。然后，使用 insert()方法将用户提交的信息添加到数据库中。

add.jade 文件是客户端的添加页面。在 add.jade 文件中，使用了 jade 语法将添加日记的表单信息表示出来。编写 jade 代码时，需要注意空格的个数，否则容易报错。代码如下：

```
form(class="form-horizontal",name="add-post",method="post",action="/post/add")
  fieldset
    legend 添加新的日记
    div.control-group
      label.control-label 标题:
      div.controls
        input(type="text",name="subject",class="input-xlarge")
    div.control-group
      label.control-label 内容:
      div.controls
        textarea(name="body", rows="10", cols="30")
    div.control-group
      label.control-label 标签:
      div.controls
        input(type="text",name="tags",class="input-xlarge")
    div.form-actions
      input(type="submit",value="添加",name="post",class="btn btn-primary")
```

执行后的效果如图 12-38 所示。

图 12-38　添加日记页面

12.3.4 登录退出功能

app.js 文件中，登录退出功能的关键代码如下：

登录退出功能

```
// 登录
app.get('/login', function(req, res) {
  res.render('login.jade', {
    title: 'Login user'
  });
});
app.get('/logout', isUser, function(req, res) {
  req.session.destroy();
  res.redirect('/');
});
app.post('/login', function(req, res) {
  var select = {
    user: req.body.username
  , pass: crypto.createHash('sha256').update(req.body.password + conf.salt).digest('hex')
  };
  db.user.findOne(select, function(err, user) {
    if (!err && user) {
      //判断用户登录的session
      req.session.user = user;
      res.redirect('/');
    } else {
      // 如果未登录的话，则跳转到登录页面
      res.redirect('/login');
    }
  });
});
```

观察上述代码可以发现，用户在登录时，会提交 url 为 "/login" 的地址，app.js 中通过 post() 方法监听到这个地址的请求后，会接收用户提交的用户名和密码信息。输入正确的话，则会跳转到首页，输入错误的话，则会停留在登录页面。

login.jade 文件是客户端的添加页面，代码如下：

```
form(class="form-horizontal",name="login-form",method="post",action="/login")
  fieldset
    legend 请输入登录信息
    div.control-group
      label.control-label 账户:
      div.controls
        input(type="text",name="username",class="input-xlarge")
    div.control-group
      label.control-label 密码:
      div.controls
        input(type="password",name="password",class="input-xlarge")
    div.form-actions
      input(type="submit",value="登录",name="login",class="btn btn-primary")
```

观察 login.jade 中的代码可以发现，使用 form 提交用户的登录信息，提交方式是 post，提交 action 是 "/login"。这样就可以让 app.js 中的 post 方法进行接收。执行后的效果如图 12-39 所示。

图 12-39　添加日记页面

小 结

　　本章介绍了关系型数据库与非关系型数据库的区别，介绍了如何下载和安装 MongoDB 数据库。介绍了 MongoDB 数据库的基本操作，包括数据库和集合的创建，如何添加数据、查询数据、修改和删除数据等，最后使用 mongojs 模块和 Express 框架，完成了一个简单的网站制作。

上机指导

　　在【例 12-1】案例的基础上，实现日记的修改和删除操作。
　　app.js 文件中，修改日记功能的关键代码如下：

```
app.get('/post/edit/:postid', isUser, function(req, res) {
  res.render('edit.jade', { title: '修改日记', blogPost: req.post } );
});

app.post('/post/edit/:postid', isUser, function(req, res) {
  db.post.update({ _id: db.ObjectId(req.body.id) }, {
    $set: {
       subject: req.body.subject
     , body: req.body.body
     , tags: req.body.tags.split(',')
     , modified: new Date()
    }}, function(err, post) {
     if (!err) {
        req.flash('info', '日记修改成功！');
     }
     res.redirect('/');
```

```
        });
    });
```

观察上述代码可以发现，使用 app 对象的 post()方法，监听 url 是 "/post/edit/:postid" 的路径地址，对于 edit.jade 客户端修改的信息，使用 update()方法更新数据库对应 id 的数据。

edit.jade 文件是客户端的修改页面，代码如下：

```
form(class="form-horizontal",name="edit-post",method="post",action="/post/edit/#{blog
Post._id}")
    fieldset
        legend 编辑日记 ##{blogPost._id}

        div.control-group
            label.control-label 标题：
            div.controls
                input(type="text",name="subject",class="input-xlarge span6",value="#{blogPost.
subject}")

        div.control-group
            label.control-label 内容：
            div.controls
                textarea(name="body",rows="10",cols="30",class="span6") #{blogPost.body}

        div.control-group
            label.control-label 标签：
            div.controls
                input(type="text",name="tags",class="input-xlarge",value="#{blogPost.tags.join(',')}")

        input(type="hidden",name="id",value="#{blogPost._id}")
        div.form-actions
            input(type="submit",value="修改",name="edit",class="btn btn-primary")
```

观察上述代码，edit.jade 文件使用了 jade 语法，methed 提交方式是 post，action 的值为 "/post/edit/#{blogPost._id}"，这里的 blogPost._id 是指具体的日记对应数据库中的唯一 id 值，也需要提交给后台数据库中进行更新，执行后的效果如图 12-40 所示。

图 12-40　修改日记

删除功能操作，具体如下：

```
app.get('/post/delete/:postid', isUser, function(req, res) {
  db.post.remove({ _id: db.ObjectId(req.params.postid) }, function(err, field) {
    if (!err) {
      req.flash('error', '日记删除成功');
    }
    res.redirect('/');
  });
});
```

观察上述代码可以发现，删除功能使用了 remove()方法，查询到参数 req 中的 postid 的值，将数据库中对应 id 的数据删除即可，执行后的效果如图 12-41 所示。

图 12-41　删除日记

习 题

12-1　什么是关系型数据库？

12-2　什么是非关系型数据库？

12-3　MongoDB 数据库中如何添加数据？

第13章

综合项目——全栈开发博客网

本章要点

■ 了解通用博客网站的功能
■ 掌握注册和登录的实现方法
■ 掌握控制用户权限的方法
■ 掌握各个功能页面路由跳转的方法
■ 掌握页面渲染的技巧

在互联网上，博客网站已经不再是什么新鲜事物。越来越多的博客网站呈现出个性化的趋势，比如动漫博客、宠物博客等。本章将使用 Node.js 等相关技术，设计并制作一个面向程序员的博客网站——全栈开发博客网，循序渐进，由浅入深，从注册到登录，从文章列表到留言评论，带领读者一步一步完成博客网站的基本功能。

13.1 项目的设计思路

项目概述

13.1.1 项目概述

全栈开发博客，从整体设计上看，具有通用博客的功能，比如注册登录、博客文章的增删改查、评论留言等。具体功能具体划分如下。

（1）注册功能。首先注册成为博客网站的用户才能发表文章。注册需要提供用户名、密码和头像图片等表单信息。

（2）登录功能。注册之后，就可以登录和退出博客网站了。登录时，需要输入用户名和密码，如果输入正确，则会进入主页。

（3）增删改查博客文章功能。用户注册登录后，就可以发表文章了。具体的功能包括文章的发表、编辑和删除等功能。

（4）评论留言功能。文章发表后，可以对文章进行留言评论。在评论用户与当前用户一致的情况下，可以删除留言评论内容。

13.1.2 界面预览

下面展示几个主要的页面效果。

（1）注册页面，如图 13-1 所示。

界面预览

图 13-1 注册页面

（2）登录页面，如图 13-2 所示。

图 13-2　登录页面

（3）主页，如图 13-3 所示。

图 13-3　主页效果

说明 项目启动方法请参考第 12 章中的 "12.3.1 启动项目"。

13.1.3 功能结构

全栈开发博客网从功能上划分，由注册、登录、文章、评论共 4 个功能组成。详细的功能结构如图 13-4 所示。

功能结构

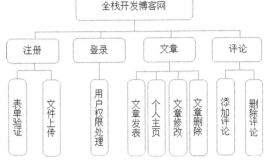

图 13-4 网站功能结构图

13.1.4 文件夹组织结构

设计规范合理的文件夹组织结构可以方便日后的维护和管理。本项目中，首先新建 myBlog 作为项目根目录文件夹，然后依次创建 config、lib、logs 等文件夹。具体文件夹组织结构如图 13-5 所示。

文件夹组织结构

```
▼ 📁 myBlog              项目根目录。
  ▶ 📁 config            项目配置文件（端口、数据库信息等）。
  ▶ 📁 lib               创建数据库模型。
  ▶ 📁 logs              项目日志。
  ▶ 📁 middlewares       自定义中间件。
  ▶ 📁 models            数据库操作处理。
  ▶ 📁 public            项目所需 CSS 样式、图片等文件。
  ▶ 📁 routes            页面路由跳转处理。
  ▶ 📁 views             页面模板。
    📄 index.js          项目入口文件。
    📄 package.json      配置启动文件（第三方模块）。
```

图 13-5 全栈开发博客网的文件夹组织结构

13.2 注册功能的设计与实现

13.2.1 注册功能的设计

注册功能的设计

在越来越重视用户体验的今天，页面的设计非常重要和关键。视觉效果优秀的界面设计和方便个性化的使用体验会让用户印象深刻。注册页面的各个功能如图 13-6 所示。

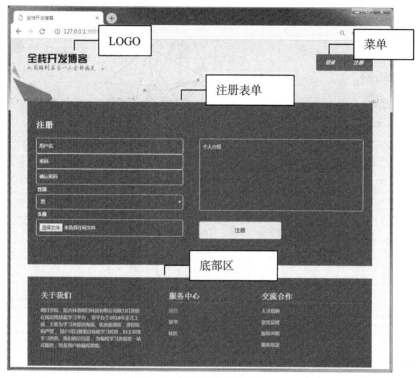

图 13-6　注册页面的各个功能

13.2.2　顶部区和底部区功能的实现

　　根据由简到繁的原则，首先实现网站顶部区和底部区的功能。顶部区主要由网站的
LOGO 图片和导航菜单组成，方便用户跳转到其他页面。底部区由制作公司和导航栏组
成，链接到技术支持的官网。功能实现后的界面如图 13-7 所示。

顶部区和底部区功能
的实现

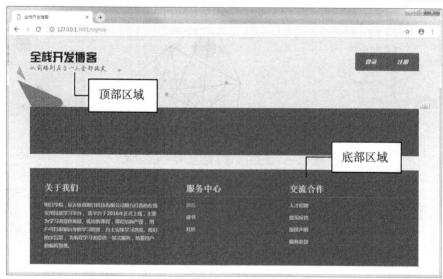

图 13-7　注册页面的顶部区和底部区

关键步骤如下。

（1）实现页面布局。

在 views 文件夹下创建 signup.ejs 文件，作为用户的注册页面，关键代码如下：

```html
<!DOCTYPE html>
<html>
<head>
  <title>全栈开发博客</title>
  <link href="/css/style.css" rel="stylesheet" type="text/css" media="all"/>
  <link href="/css/bootstrap.css" rel="stylesheet" type="text/css" media="all"/>
  <script src="/js/jquery.min.js"></script>
  <meta name="viewport" content="width=device-width, initial-scale=1">
  <meta http-equiv="Content-Type" content="text/html; charset=utf-8"/>
  <script type="text/javascript" src="/js/move-top.js"></script>
  <script type="text/javascript" src="/js/easing.js"></script>
  </script>
</head>
<body>
<!--顶部区域-->
<div class="header" style="min-height: 200px">
  <div class="container">
    <div class="header-info">
      <div class="logo">
        <a href="/posts"><img src="/images/logo.png" alt=" "/></a>
      </div>
      <div class="logo-right">
        <span class="menu"><img src="/images/menu.png" alt=" "/></span>
        <ul class="nav1">
          <% if (user) { %>
          <li class="cap"><a href="/posts?author=<%= user._id %>">个人主页</a></li>
          <li><a href="/posts/create">发表文章</a></li>
          <li><a href="/signout">退出</a></li>
          <% } else { %>
          <li><a href="/signin">登录</a></li>
          <li><a href="/signup">注册</a></li>
          <% } %>
        </ul>
      </div>
      <div class="clearfix"></div>
      </div>
  </div>
</div>
<!--省略部分代码-->
<!--底部区域-->
<div class="footer">
  <div class="container">
    <div class="footer-grids">
      <div class="footer-grid">
        <h3>关于我们</h3>
        <p>明日学院是吉林省明日科技有限公司倾力打造的在线实用技能学习平台，
            该平台于2016年正式上线，主要为学习者提供海量、优质的课程，课程结构严谨，
```

```
            用户可以根据自身的学习程度，自主安排学习进度。我们的宗旨是，
            为编程学习者提供一站式服务，培养用户的编程思维。</p>
        </div>
        <div class="footer-grid">
            <h3>服务中心</h3>
            <ul>
            <li class="cap1"><a href="http://www.mingrisoft.com/selfCourse.html" target="_
blank">课程</a></li>
                <li><a href="http://www.mingrisoft.com/book.html" target="_blank">读书</a></li>
                <li><a href="http://www.mingrisoft.com/bbs.html" target="_blank">社区</a></li>
            </ul>
        </div>
        <div class="footer-grid">
            <h3>交流合作</h3>
            <ul>
            <li><a href="#">人才招聘</a></li>
            <li><a href="#">意见反馈</a></li>
            <li><a href="#">版权声明</a></li>
            <li><a href="#">服务条款</a></li>
            </ul>
        </div>
        <div class="clearfix"></div>
        </div>
    </div>
    </div>
</div>
</body>
</html>
```

从上面的代码可以发现，顶部区域的菜单部分使用了 ejs 语法进行用户权限的控制。用户在登录状态时，显示"个人主页""发表文章"和"退出"内容；用户在退出状态时，则显示"登录"和"注册"内容。那么，这部分权限内容是如何控制的呢？

因篇幅限制，无法详细介绍注册功能的具体实现过程，只能将重点代码进行详细讲解。

（2）权限控制。

在 middlewares 文件夹下创建 check.js.文件，用于验证用户是否已经登录，编写代码如下：

```
    module.exports = {
    checkLogin: function checkLogin (req, res, next) {
      if (!req.session.user) {
        req.flash('error', '未登录')
        return res.redirect('/signin')
      }
      next()
    },
    checkNotLogin: function checkNotLogin (req, res, next) {
      if (req.session.user) {
```

```
      req.flash('error', '已登录')
      return res.redirect('back')// 返回之前的页面
    }
    next()
  }
}
```

上述代码中，通过验证 session 中 user 对象的值，判断当前用户的登录和退出状态。如果是未登录状态，则使用 redirect()方法，跳转到登录页面。

13.2.3　注册功能的实现

注册功能的实现

用户注册时，需要提交用户名、密码、性别、头像和个人介绍等信息，如图 13-8 所示。实现的关键是表单如何进行验证、图片如何上传和数据库如何添加注册信息等。

图 13-8　注册功能的界面效果

关键步骤如下。

（1）实现注册页面布局。

继续在 signup.ejs 文件编写如下所示的代码：

```
<div class="contact">
  <div class="contact-left1">
    <h3>
      <span>注册</span>
      <% if (success) { %>
      <span style="color: red">(<%= success %>)</span>
      <% } %>
      <% if (error) { %>
```

```
      <span style="color: red">(<%= error %>)</span>
      <% } %>
   </h3>
   <div class="in-left">
    <form method="post" enctype="multipart/form-data">
      <input type="text" name="name" placeholder="用户名" >
      <input type="password" name="password" placeholder="密码" >
      <input type="password" name="repassword" placeholder="确认密码" >
      <label style="color:white;margin:5px 5px;">性别</label>
      <select name="gender">
        <option value="m" style="color:black">男</option>
        <option value="f" style="color:black">女</option>
        <option value="x" style="color:black">保密</option>
      </select>
      <br/>
        <label style="color:white;margin:5px 5px;">头像</label>
        <input type="file" name="avatar">
   </div>
   <div class="in-right">
      <textarea placeholder="个人介绍" name="bio"></textarea>
      <input type="submit" value="注册">
   </div>
   </form>
   <div class="clearfix"> </div>
  </div>
  <div class="clearfix"> </div>
</div>
```

上面的代码使用了<form>表单标签提交用户注册的信息。提交方式是 post，当需要提交文件内容时，需要设置 enctype="multipart/form-data"。在<input>标签中，name 属性的值应该与数据库中创建模型的值一一对应。

（2）表单验证。

在 routers 文件夹下创建 signup.js 文件，用于表单的验证，编写代码如下：

```
// 校验参数
try {
  if (!(name.length >= 1 && name.length <= 10)) {
    throw new Error('名字请限制在 1-10 个字符')
  }
  if (['m', 'f', 'x'].indexOf(gender) === -1) {
    throw new Error('性别只能是 m、f 或 x')
  }
  if (!(bio.length >= 1 && bio.length <= 30)) {
    throw new Error('个人简介请限制在 1-30 个字符')
  }
  if (!req.files.avatar.name) {
    throw new Error('缺少头像')
  }
  if (password.length < 6) {
    throw new Error('密码至少 6 个字符')
  }
  if (password !== repassword) {
```

```
        throw new Error('两次输入密码不一致')
    }
} catch (e) {
    // 注册失败，异步删除上传的头像
    req.flash('error', e.message)
    return res.redirect('/signup')
}
```

上面的代码中，对获取的表单数据进行验证。使用了 try…catch 语句，根据验证规则，对不符合条件的表单信息，返回错误提示，同时重新跳转到注册页面。

13.3 登录功能的设计与实现

13.3.1 登录功能的设计

登录功能的设计

成功注册博客网站用户后，接下来，用户开始进行登录操作了。如图 13-9 所示，在登录界面中，用户需要输入用户名和密码。如果输入正确，则会跳转到用户的专属页面，可以发表文章和留言评论等；如果输入错误，则会留在登录页面，返回错误提示。

图 13-9 登录页面

13.3.2 登录功能的实现

观察图 13-10 可以发现，登录功能由登录表单构成，关键代码涉及的文件有 views 文件夹下的 signin.ejs 文件（表单页面模板），routes 文件夹下的 signin.js 文件（路由跳转），还有 models 文件夹下的 users.js（数据库验证）文件。

登录功能的实现

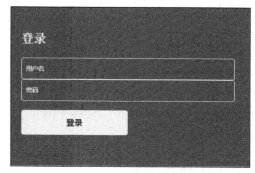

图 13-10　登录功能的界面效果

关键步骤如下。

（1）实现登录页面布局。

在 views 文件夹下创建 signin.ejs 文件，编写用户登录的界面，编写代码如下：

```
<div class="contact">
  <div class="contact-left1">
    <h3>
      <span>登录</span>
      <% if (success) { %>
      <span style="color: red">(<%= success %>)</span>
      <% } %>
      <% if (error) { %>
      <span style="color: red">(<%= error %>)</span>
      <% } %>
    </h3>
    <div class="in-left">
     <form method="post" enctype="multipart/form-data">
        <input type="text" name="name" placeholder="用户名" required=" ">
        <input type="password" name="password" placeholder="密码" required=" ">
        <input style="margin-top:20px" type="submit" value="登录">
    </div>
    </form>
    <div class="clearfix"></div>
  </div>
  <div class="clearfix"></div>
</div>
```

上面的代码利用<form>标签，提交方式是 post，再通过<input>标签将用户输入的用户名和密码提交给 routes 文件下的 signin.js 文件（路由跳转）。需要注意，<input>标签中的 name 属性不要忘记填写。

（2）路由跳转，传递提交数据。

在 routes 文件夹下创建 signin.js 文件，接收用户提交的登录数据，编写代码如下：

```
// POST /signin 用户登录
router.post('/', checkNotLogin, function (req, res, next) {
  const name = req.fields.name
  const password = req.fields.password
// 校验参数
  try {
    if (!name.length) {
```

```
            throw new Error('请填写用户名')
        }
        if (!password.length) {
            throw new Error('请填写密码')
        }
    } catch (e) {
        req.flash('error', e.message)
        return res.redirect('back')
    }
    UserModel.getUserByName(name)
        .then(function (user) {
            if (!user) {
                req.flash('error', '用户不存在')
                return res.redirect('back')
            }
            // 检查密码是否匹配
            if (sha1(password) !== user.password) {
                req.flash('error', '用户名或密码错误')
                return res.redirect('back')
            }
            req.flash('success', '登录成功')
            // 用户信息写入 session
            delete user.password
            req.session.user = user
            // 跳转到主页
            res.redirect('/posts')
        })
        .catch(next)
})
```

用户提交的用户名和密码传递到 signin.js 文件中，通过 try…catch 语句验证用户名和密码的长度。如果错误，则会抛出错误信息，返回到登录页面。验证通过后，会调用 models 文件夹下的 users.js 中的 getUserByName()方法，验证用户信息是否存在。

（3）数据库验证用户信息。

在 models 文件夹下创建 users.js 文件，验证数据库中用户的数据是否正确，可以发现如下所示的代码：

```
module.exports = {
    // 注册一个用户
    create: function create (user) {
        return User.create(user).exec()
    },
    // 通过用户名获取用户信息
    getUserByName: function getUserByName (name) {
        return User
            .findOne({ name: name })
            .addCreatedAt()
            .exec()
    }
}
```

创建 getUserByName 函数，调用 mongoDB 数据库中的方法，在 User 文档中，根据提交的参数查找是否存在相关用户信息。

13.4 文章功能的设计与实现

13.4.1 文章功能的设计

文章功能是全栈开发博客网的核心功能。它包括文章发表、个人主页、文章修改和文章删除等功能。各个功能页面的效果图如下。

（1）文章发表功能，如图 13-11 所示。

图 13-11 文章发表功能页面

（2）个人主页功能，如图 13-12 所示。

（3）文章的修改和删除，如图 13-13 所示。

图 13-12　个人主页功能界面

图 13-13　个人主页功能界面

13.4.2　文章发表功能的实现

观察图 13-14 所示的文章发表功能的界面，可以发现，文章发表的表单中，需要提交 2 个信息：标题和文章内容。这里实际隐藏了的当前用户的相关信息，也需要通过当前的表单，一起提交到后台的服务器中。

文章发表功能的实现

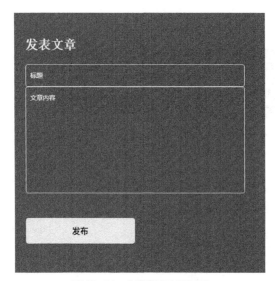

图 13-14　文章发表功能界面

关键步骤如下。

（1）实现发表文章页面布局。

在 views 文件夹下创建 create.ejs 文件，实现发表文章页面的布局。关键代码如下：

```
<div class="contact">
  <div class="contact-left1">
    <h3>
      <span>发表文章</span>
      <% if (success) { %>
      <span style="color: red">(<%= success %>)</span>
      <% } %>
      <% if (error) { %>
      <span style="color: red">(<%= error %>)</span>
      <% } %>
    </h3>
    <div class="in-left">
      <form method="post">
        <input type="text" name="title" placeholder="标题">
        <textarea placeholder="文章内容" name="content" ></textarea>
        <input style="margin-top:20px" type="submit" value="发布">
    </div>
    </form>
    <div class="clearfix"> </div>
  </div>
  <div class="clearfix"> </div>
</div>
```

观察上面的代码，通过使用<form>标签，提交数据的方式是 post。文章内容使用了<textarea>标签，<input>标签中的 name 属性切记不要漏写。

（2）提交数据。

在 routes 文件夹下创建 post.ejs 文件，用于向数据库提交文章的数据，关键代码如下：

```
// POST /posts/create 发表一篇文章
router.post('/create', checkLogin, function (req, res, next) {
  const author = req.session.user._id
  const title = req.fields.title
  const content = req.fields.content
  // 校验参数
  try {
    if (!title.length) {
      throw new Error('请填写标题')
    }
    if (!content.length) {
      throw new Error('请填写内容')
    }
  } catch (e) {
    req.flash('error', e.message)
    return res.redirect('back')
  }
  let post = {
    author: author,
    title: title,
    content: content
  }
  PostModel.create(post)
    .then(function (result) {
      // 此 post 是插入 mongodb 后的值, 包含 _id
      post = result.ops[0]
      req.flash('success', '发表成功')
      // 发表成功后跳转到该文章页
      res.redirect('/posts/${post._id}')
    })
    .catch(next)
})
```

提交的文章信息，首先需要进行非空验证。验证通过后，使用 models 文件夹中 posts.js 里的 PostModel 模型，通过 create()方法将文章数据添加到数据库中。

13.4.3　个人主页的实现

用户单击页面上方的"个人主页"后，可以看到图 13-15 所示的界面效果。该功能可以显示用户自己发表过的所有文章内容，也可以看到各个文章的浏览数和留言数。

关键步骤如下。

（1）实现个人主页页面布局。

在 views 文件夹下创建 posts.ejs 文件，实现个人主页的页面布局，关键代码如下：

个人主页的实现

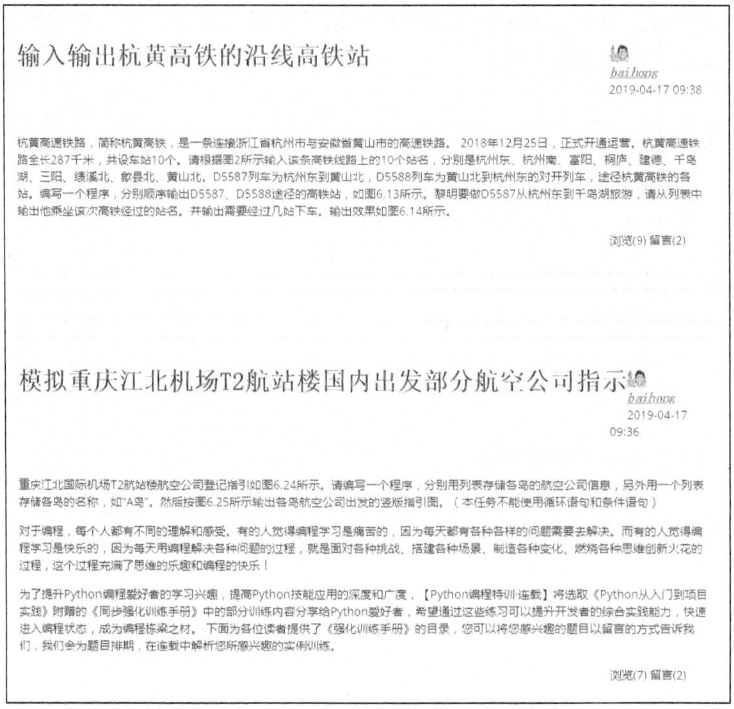

图13-15 个人主页的页面效果

```
<% posts.forEach(function (post) { %>
<div class="border">
  <p>a</p>
</div>
<div class="some-title">
  <h3><a href="/posts/<%= post._id %>" ><%= post.title %></a></h3>
</div>
<div class="read">
  <p>
    <img width="20%" src="/img/<%= post.author.avatar %>">
    <a href="#"><%= post.author.name %></a>
    <span><%= post.created_at %></span>
  </p>
</div>
<div class="clearfix"></div>
<div class="tilte-grid">
  <p class="Sed"><%- post.content %></p>
</div>
<div class="read">
  <span>浏览(<%= post.pv || 0 %>)</span>
  <span>留言(<%= post.commentsCount || 0 %>)</span>
</div>
<div class="border">
  <p>a</p>
</div>
<% }) %>
```

上述代码使用了 ejs 语法中的 forEach 函数将从数据库中查询出的数据结果循环显示出来。

（2）获取数据库中的文章信息。

继续在 routes 文件夹下的 posts.js 文件编写代码，获取数据库中的文章信息，关键代码如下：

```
// GET /posts 所有用户或者特定用户的文章页
// GET /posts?author=xxx
router.get('/', function (req, res, next) {
  const author = req.query.author;
  Promise.all([
      PostModel.getPosts(author), // 获取文章信息
      PostModel.getPostsNO() // 获取文章阅读排行榜
    ])
    .then(function (result) {
      const posts = result[0];
      const postsNo = result[1];
      res.render('posts', {
        posts: posts,
        postsNo: postsNo
      })
    })
    .catch(next);
})
```

使用 PostModel 中的 getPosts()方法和 getPostsNO()方法，分别获取数据库中的文章信息和文章阅读排行榜信息，然后将获取到的信息返回到 posts.ejs 页面中。

文章修改功能的实现

13.4.4 文章修改功能的实现

用户进入自己的文章详情页面后，找到并单击"编辑"按钮，就可以看到图 13-16 所示的界面效果。该功能页面让文章的标题和内容呈现可编辑状态，可以再次修改提交。

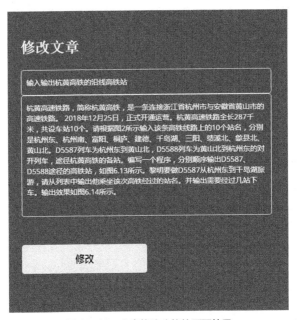

图 13-16 文章修改功能的页面效果

关键步骤如下。

（1）实现文章修改页面布局。

在 views 文件夹下创建 create.ejs 文件，用于实现文章修改页面布局，关键代码如下：

```html
<div class="contact">
  <div class="contact-left1">
    <h3>
      <span>修改文章</span>
      <% if (success) { %>
      <span style="color: red">(<%= success %>)</span>
      <% } %>
      <% if (error) { %>
      <span style="color: red">(<%= error %>)</span>
      <% } %>
    </h3>
    <div class="in-left">
    <form method="post" action="/posts/<%= post._id %>/edit">
      <input type="text" name="title" value="<%= post.title %>" placeholder="标题">
      <textarea placeholder="文章内容" name="content" ><%= post.content %></textarea>
      <input style="margin-top:20px" type="submit" value="修改">
    </div>
    </form>
    <div class="clearfix"> </div>
  </div>
  <div class="clearfix"> </div>
</div>
```

观察上述代码可以发现，在<form>标签中，action 属性值需要格外注意，使用 "<%=post_id>"，将文章的 id 值传送到后台中，从而完成修改指定文章的数据库操作。

（2）提交文章的修改信息。

继续在 routes 文件夹下的 posts.js 文件中编写代码，用于提交文章的修改信息，关键代码如下：

```javascript
// POST /posts/:postId/edit 更新一篇文章
router.post('/:postId/edit', checkLogin, function (req, res, next) {
  const postId = req.params.postId
  const author = req.session.user._id
  const title = req.fields.title
  const content = req.fields.content
  // 校验参数
  try {
    if (!title.length) {
      throw new Error('请填写标题')
    }
    if (!content.length) {
      throw new Error('请填写内容')
    }
  } catch (e) {
    req.flash('error', e.message)
    return res.redirect('back')
  }
  PostModel.getRawPostById(postId)
    .then(function (post) {
      if (!post) {
```

```
      throw new Error('文章不存在')
  }
  if (post.author._id.toString() !== author.toString()) {
      throw new Error('没有权限')
  }
  PostModel.updatePostById(postId, { title: title, content: content })
      .then(function () {
        req.flash('success', '编辑文章成功')
        // 编辑成功后跳转到上一页
        res.redirect('/posts/${postId}')
      })
      .catch(next)
  })
})
```

提交的文章修改信息，首先需要进行非空验证。验证通过后，使用 models 文件夹中 posts.js 里的 PostModel 模型，通过 updatePostById() 方法修改数据库中的文章信息。

文章删除功能的实现

13.4.5 文章删除功能的实现

用户进入自己的文章详情页面后，找到并单击"删除"按钮，就可以删除当前的文章内容，如图 13-17 所示。

图 13-17 删除文章

关键步骤如下。

删除数据库中的文章信息。

继续在 routes 文件夹下的 posts.js 文件中编写代码，删除数据库中的文章信息，关键代码如下：

```
// GET /posts/:postId/remove 删除一篇文章
router.get('/:postId/remove', checkLogin, function (req, res, next) {
  const postId = req.params.postId
  const author = req.session.user._id
  PostModel.getRawPostById(postId)
    .then(function (post) {
      if (!post) {
        throw new Error('文章不存在')
      }
      if (post.author._id.toString() !== author.toString()) {
        throw new Error('没有权限')
      }
      PostModel.delPostById(postId)
        .then(function () {
          req.flash('success', '删除文章成功')
          // 删除成功后跳转到主页
          res.redirect('/posts')
        })
        .catch(next)
    })
})
```

观察上面的代码，首先验证提交的文章 id 是否存在，通过验证后，使用 PostModel 中的 getRawPostById()方法，将数据库中的该条文章信息删除。

13.5 留言功能的设计与实现

13.5.1 留言功能的设计

留言功能的设计

在文章详情页的下方，可以提交留言评论，如图 13-18 所示。留言提交之后，会出现在文章内容的下方，同时，也可以删除自己提交的留言数据。在网站的首页，也会显示出文章的浏览数和留言数。

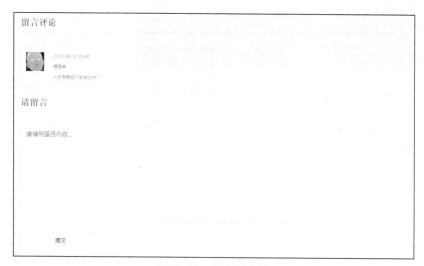

图 13-18 提交留言评论

13.5.2　留言功能的实现

留言功能的关键代码主要是在 views 文件夹下的 post.ejs 文件和 routes 文件夹下的 comments.js 文件中。图 13-19 所示为网站首页文章的留言数。

留言功能的实现

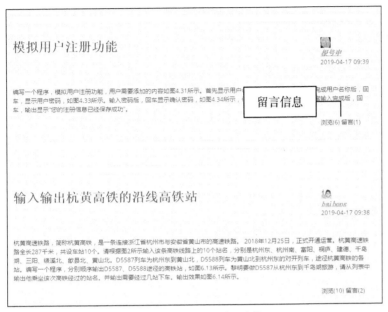

图 13-19　网站首页文章留言数

关键步骤如下。

（1）实现留言功能的页面布局。

在 views 文件夹下的 post.ejs 文件中添加代码，实现留言功能的页面布局，关键代码如下：

```html
<div class="comments">
    <h4>留言评论</h4>
    <% comments.forEach(function (comment) { %>
    <div class="comments-info">
        <div class="cmnt-icon-left">
            <a href="#"><img src="/img/<%= comment.author.avatar %>" width="100%" alt=""></a>
        </div>
        <div class="cmnt-icon-right">
            <p><%= comment.created_at %></p>
            <p>
<a href="/posts?author=<%= comment.author._id %>"><%= comment.author.name %></a></p>
            <p class="cmmnt"><%- comment.content %></p>
        </div>
    <% if (user && comment.author._id && user._id.toString() === comment.author._id.
toString()) { %>
        <div class="actions">
            <a style="float: right" href="/comments/<%= comment._id %>/remove">删除</a>
        </div>
        <% } %>
        <div class="clearfix"></div>
    </div>
```

```
        <% }) %>
    </div>
    <div class="consequat">
        <h4>请留言</h4>
        <form method="post" action="/comments">
            <input name="postId" value="<%= post._id %>" hidden>
            <textarea name="content" type="text" onfocus="this.value = '';"
        onblur="if (this.value == '') {this.value = '留言内容...';}" required="">请填写留言
内容...</textarea>
            <input type="submit" value="提交">
        </form>
    </div>
```

观察上述代码可以发现，留言功能页面的结构是由留言信息的显示和留言信息的提交两部分构成的。使用 ejs 语法中的 forEach 函数，将留言信息循环显示出来；使用<form>表单标签，将用户输入的留言数据提交给后台处理。

（2）提交文章的留言信息。

在 routes 文件夹下创建 comments.js 文件，实现提交文章的留言信息，关键代码如下：

```
// POST /comments 创建一条留言
router.post('/', checkLogin, function (req, res, next) {
  const author = req.session.user._id
  const postId = req.fields.postId
  const content = req.fields.content
  // 校验参数
  try {
    if (!content.length) {
      throw new Error('请填写留言内容')
    }
  } catch (e) {
    req.flash('error', e.message)
    return res.redirect('back')
  }
  const comment = {
    author: author,
    postId: postId,
    content: content
  }
  CommentModel.create(comment)
    .then(function () {
      req.flash('success', '留言成功')
      // 留言成功后跳转到上一页
      res.redirect('back')
    })
    .catch(next)
})
// GET /comments/:commentId/remove 删除一条留言
router.get('/:commentId/remove', checkLogin, function (req, res, next) {
  const commentId = req.params.commentId
  const author = req.session.user._id
  CommentModel.getCommentById(commentId)
    .then(function (comment) {
```

```
    if (!comment) {
        throw new Error('留言不存在')
    }
    if (comment.author.toString() !== author.toString()) {
        throw new Error('没有权限删除留言')
    }
    CommentModel.delCommentById(commentId)
        .then(function () {
            req.flash('success', '删除留言成功')
            // 删除成功后跳转到上一页
            res.redirect('back')
        })
        .catch(next)
    })
})
```

观察上面的代码，对用户提交的留言信息，首先需要进行非空验证。验证通过后，使用 models 文件夹中 comments.js 里的 CommentModel 模型，通过 getCommentById ()方法，将留言数据添加到数据库中。

小 结

全栈开发博客网使用 Node.js 和 MongoDB 等技术，设计并完成了一个功能相对完整的博客网站。下面总结一下各个功能实现时的关键知识点，希望对读者日后的工作实践有所帮助。

（1）注册功能。在实现注册功能的代码中，不要忘记添加 <form> 表单中的属性 enctype="multipart/form-data"，否则用户无法成功上传头像的图片文件。

（2）登录功能。在提交用户名和密码的表单中，注意 name 属性要与数据库中模型的值保持一致。

（3）博客文章功能。在完成文章发表、修改和删除的代码过程中，时刻要保持文章 id 值的链接和统一。

（4）评论留言功能。通过当前用户 id 的确定，可以正确删除用户自己提交的留言信息。

第14章

课程设计——网络版五子棋

本章要点

- 掌握socket对象的事件方法
- 掌握五子棋游戏逻辑算法
- 掌握登录游戏房间的方法
- 掌握改变棋牌颜色的方法

五子棋是一种容易上手和老少皆宜的二人趣味益智游戏。游戏双方分别使用黑白两色的棋子，下在棋盘直线与横线的交叉点上，先形成5子连线者获胜。本课程设计将使用 Node.js+Socket.io+Canvas 技术，实现真人实时对战的网络版五子棋。

14.1 课程设计目的

本课程设计和制作一个网络版趣味智力小游戏——五子棋。该游戏摆脱了只能和计算机机器人对战的单机版五子棋，可以让两位真人游戏玩家实时通过网络进行对战。使用 Node.js 搭建服务器，通过 Socket.io 实时显示游戏玩家的棋子状态，最后利用 Canvas 技术完成五子棋的胜负逻辑算法。分析游戏当中的关键代码，旨在帮助读者熟练应用 Node.js 等相关技术，为今后真正的大型游戏制作奠定基础。网络版五子棋的界面效果如图 14-1 所示。

课程设计目的

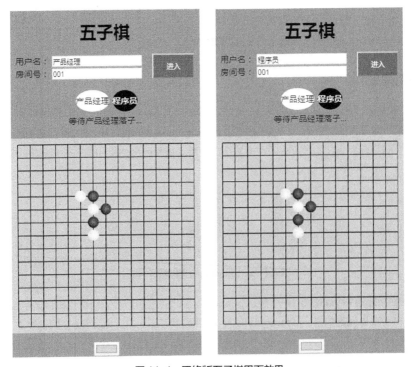

图 14-1 网络版五子棋界面效果

14.2 项目概述

"工欲善其事，必先利其器"。设计制作一个游戏，首先要从游戏的功能结构开始设计。作为一款二人实时对战的游戏，玩家首先登录游戏主页，进入游戏房间，准备进行游戏，等到另一位玩家到来后，就可以进行游戏，最后，决出胜负，游戏结束，重新开始。下面将介绍游戏的功能结构和项目构成。

14.2.1 功能结构

从功能上划分，网络版五子棋分为玩家进入房间、显示玩家列表、开始游戏和结束游戏四个功能。

（1）玩家进入房间。玩家进入五子棋游戏主界面，需要输入玩家昵称和房间号。

（2）显示玩家列表。玩家进入指定房间后，就可以等待另一位玩家的进入。

功能结构

（3）开始游戏。当房间里有两位玩家时，就可以开始进行五子棋的游戏了。

（4）结束游戏。按照游戏规则，两位玩家决出胜负后，结束游戏。

网络版五子棋的功能结构图如图 14-2 所示。

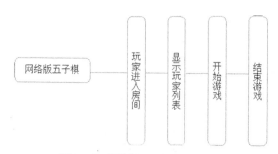

图 14-2 网络版五子棋功能结构图

项目构成

14.2.2 项目构成

网络版五子棋项目的文件组织构成如图 14-3 所示。index.js 文件表示服务器端。使用 Node.js 建立服务器，同时也创建 socket 对象，实时监听客户端的事件。package.json 是项目的配置文件，包括项目所使用的第三方 Node.js 模块，可以使用 NPM 命令将所需模块全部下载。public 文件夹中的文件表示客户端。

图 14-3 游戏项目的文件组织构成

public 文件夹中的文件构成如图 14-4 所示。index.html 文件是 HTML 结构代码，显示游戏中进入房间、玩家列表、五子棋游戏界面等信息。mobile_style.css 文件和 style.css 文件是游戏的 CSS 样式文件，本游戏同时支持 PC 端和手机端的显示。chessBoard.js 文件含有五子棋游戏时的算法逻辑代码，比如如何判断游戏胜负，如何改变棋牌颜色等。

图 14-4 游戏客户端的文件组织构成

14.3 进入游戏房间的设计与实现

进入游戏房间的设计

14.3.1 进入游戏房间的设计

经常玩游戏的同学会发现，无论 PC 端游戏，还是手机端游戏，在正式游戏前，都会有一个游戏菜单的主界面，包含新建游戏、游戏方法、游戏设置等选项。那么，进入游戏房间，就是类似的游戏登录入口，如图 14-5 所示。

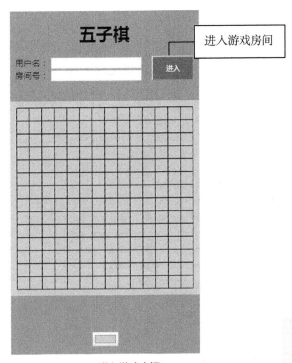

图 14-5　进入游戏房间

14.3.2　进入游戏房间的实现

进入游戏房间的实现

观察图 14-6 可以发现，进入游戏由一个表单构成。表单项目有用户名和房间号。用户名是玩家在游戏中的昵称，房间号很重要，需要与另一位玩家的房间号相同时，才能开始游戏。

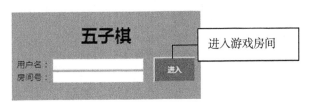

图 14-6　主页的顶部区和底部区

在项目根目录中创建 index.js 文件，编写进入游戏房间代码，关键代码如下：

```
//进入房间
io.on('connection', (socket) => {
    console.log('connected')
    socket.on('enter', (data) => {
        //第一个用户进入，新建房间
        if (connectRoom[data.roomNo] === undefined) {
            connectRoom[data.roomNo] = {}
            connectRoom[data.roomNo][data.userName] = {}
            connectRoom[data.roomNo][data.userName].canDown = false
            connectRoom[data.roomNo].full = false
            console.log(connectRoom)
            socket.emit('userInfo', {
```

```
                    canDown: false
                })
            socket.emit('roomInfo', {
                roomNo: data.roomNo,
                roomInfo: connectRoom[data.roomNo]
            })
            socket.broadcast.emit('roomInfo', {
                roomNo: data.roomNo,
                roomInfo: connectRoom[data.roomNo]
            })
        }
        //第二个用户进入且不重名
        else if (!connectRoom[data.roomNo].full &&
            connectRoom[data.roomNo][data.userName] === undefined) {
            connectRoom[data.roomNo][data.userName] = {}
            connectRoom[data.roomNo][data.userName].canDown = true
            connectRoom[data.roomNo].full = true
            console.log(connectRoom)
            socket.emit('userInfo', {
                canDown: true
            })
            socket.emit('roomInfo', {
                roomNo: data.roomNo,
                roomInfo: connectRoom[data.roomNo]
            })
            socket.broadcast.emit('roomInfo', {
                roomNo: data.roomNo,
                roomInfo: connectRoom[data.roomNo]
            })
        }
        //第二个用户进入但重名
        else if (!connectRoom[data.roomNo].full &&
            connectRoom[data.roomNo][data.userName]) {
            socket.emit('userExisted', data.userName)
        }
        //房间已满
        else if (connectRoom[data.roomNo].full) {
            socket.emit('roomFull', data.roomNo)
        }
    })
```

上述代码中，使用 socket 对象中的 emit() 方法，实时发送玩家的房间号，同时使用 io 对象的 on() 方法，实时监听来自客户端的房间号信息，从而完成进入游戏房间的功能。

14.4 游戏玩家列表的设计与实现

14.4.1 游戏玩家列表的设计

游戏玩家列表的设计

玩家进入游戏后，开始等待其他玩家的进入，如图 14-7 所示。在进入游戏的表单下面，显示玩家列表，在另一位玩家未进入之前，显示"等待其他用户加入"，如果另一位玩家进入后，就可以开始游戏了。

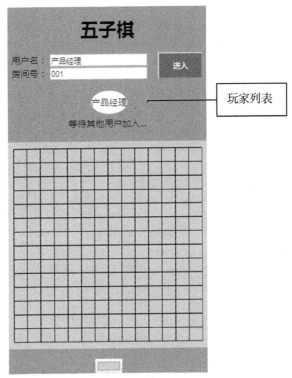

图 14-7　游戏玩家列表的界面

14.4.2　游戏玩家列表的实现

游戏玩家列表的实现

从图 14-8 所示的界面可以发现，游戏玩家列表只有两位，而且背景颜色分别是白色和黑色，代表五子棋棋子的颜色。当两位玩家都进入同一个游戏房间后，就可以开始游戏了。

图 14-8　玩家列表的界面效果

在 public 文件夹下，创建 index.html 文件，实现玩家列表的界面布局，关键代码如下：

```html
<!--黑白棋对手-->
<div class="userWrapper">
  <div class="userInfo"></div>
  <div class="waitingUser"></div>
</div>
```

上述代码中，使用<div>标签，利用不同的 CSS 样式值，将玩家列表以及玩家的状态显示出来。
打开项目中的 index.js 文件，判断玩家是否进入同一房间的关键代码如下：

```javascript
socket.on('userDisconnect', ({userName, roomNo}) = > {
    if (connectRoom[roomNo] && connectRoom[roomNo][userName]
)
{

    socket.broadcast.emit('userEscape', {userName, roomNo});
    delete connectRoom[roomNo][userName];
    connectRoom[roomNo].full = false;
    let keys = Object.getOwnPropertyNames(connectRoom[roomNo]).length;
    // console.log(keys)
    if (keys <= 1) {
        delete connectRoom[roomNo];
    } else {
        for (let user in connectRoom[roomNo]) {
            if (user !== 'full') {
                connectRoom[roomNo][user].canDown = false;
                socket.emit('userInfo', {
                    canDown: false
                });
                socket.emit('roomInfo', {
                    roomNo,
                    roomInfo: connectRoom[roomNo]
                });
                socket.broadcast.emit('roomInfo', {
                    roomNo,
                    roomInfo: connectRoom[roomNo]
                })
            }
        }
    }
    console.log(connectRoom);
}
})
})
```

上述代码中，使用 socket 对象中的 on()方法，实时监听客户端的房间号事件，当房间号输入相同时，再向
所有的客户端发送消息。

14.5　游戏对战逻辑的设计与实现

14.5.1　游戏对战逻辑的设计

五子棋游戏对战的算法是本课程的重点，也是难点。观察图 14-9 所示的界面效果，
当玩家一方将 5 个同色棋子连成一条线时，则表示胜利，弹出提示信息，游戏结束。

游戏对战逻辑的设计

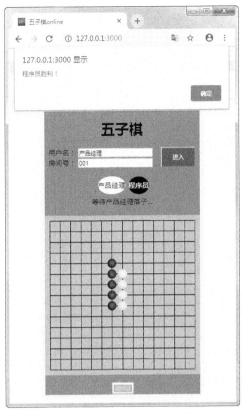

图 14-9　游戏对战的算法逻辑

14.5.2　游戏对战逻辑的实现

游戏对战逻辑的实现

在 public 文件夹下创建 chessBoard.js 文件，用于实现游戏对战逻辑的算法代码。接下来，我们将从绘制棋盘、判断游戏胜负和改变棋盘颜色三个方面介绍说明。

（1）绘制棋盘。关键代码如下：

```
//画棋盘
function drawLine() {
    for (let i = 0; i < 15; i++) {
        context.moveTo(15, 15 + i * 30);
        context.lineTo(435, 15 + i * 30);
        context.stroke();
        context.moveTo(15 + i * 30, 15);
        context.lineTo(15 + i * 30, 435);
        context.stroke();
    }
}
context.fillStyle = '#DEB887';
context.fillRect(0, 0, 450, 450,);
drawLine();
//初始化棋盘各个点
var chessBoard = [];
for (let i = 0; i < 15; i++) {
    chessBoard[i] = [];
```

```javascript
        for (let j = 0; j < 15; j++) {
            chessBoard[i][j] = 0;
        }
    }
    //鼠标移动时棋子提示
    let old_i = 0;
    let old_j = 0;
    layer.onmousemove = function (e) {
        if (chessBoard[old_i][old_j] === 0) {
            context2.clearRect(15 + old_j * 30 - 13, 15 + old_i * 30 - 13, 26, 26)
        }
        var x = e.offsetX;
        var y = e.offsetY;
        var j = Math.floor(x / 30);
        var i = Math.floor(y / 30);
        if (chessBoard[i][j] === 0) {
            oneStep(i, j, obj.me, true)
            old_i = i;
            old_j = j;
        }
    }
    layer.onmouseleave = function (e) {
        if (chessBoard[old_i][old_j] === 0) {
            context2.clearRect(15 + old_j * 30 - 13, 15 + old_i * 30 - 13, 26, 26)
        }
    }
    //绘制棋子
    function oneStep(j, i, me, isHover) {//i,j分别是在棋盘中的定位，me代表白棋还是黑棋
        context2.beginPath();
        context2.arc(15 + i * 30, 15 + j * 30, 13, 0, 2 * Math.PI);//圆心会变的，半径改为13
        context2.closePath();
        var gradient = context2.createRadialGradient(15 + i * 30 + 2, 15 + j * 30 - 2, 15,
15 + i * 30, 15 + j * 30, 0);
        if (!isHover) {
            if (me) {
                gradient.addColorStop(0, "#0a0a0a");
                gradient.addColorStop(1, "#636766");
            } else {
                gradient.addColorStop(0, "#D1D1D1");
                gradient.addColorStop(1, "#F9F9F9");
            }
        } else {
            if (me) {
                gradient.addColorStop(0, "rgba(10, 10, 10, 0.8)");
                gradient.addColorStop(1, "rgba(99, 103, 102, 0.8)");
            } else {
                gradient.addColorStop(0, "rgba(209, 209, 209, 0.8)");
                gradient.addColorStop(1, "rgba(249, 249, 249, 0.8)");
            }
        }
        context2.fillStyle = gradient;
```

```
        context2.fill();
}
```

上述代码使用 HTML 中的 Canvas 技术，调用 Canvas 中的相关 API 完成了客户端棋盘的绘制。同时监听鼠标 onmousemove 事件和 onmouseleave 事件，实时绘制棋盘上的棋子，如图 14-10 所示。

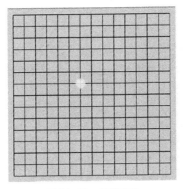

图 14-10　绘制棋盘

（2）判断游戏胜负。关键代码如下：

```
function checkDirection(i, j, p, q) {
    let m = 1
    let n = 1
    let isBlack = obj.me ? 1 : 2

    for (; m < 5; m++) {
        if (!(i + m * p >= 0 && i + m * p <= 14 && j + m * q >= 0 && j + m * q <= 14)) {
            break;
        } else {
            if (chessBoard[i + m * (p)][j + m * (q)] !== isBlack) {
                break;
            }
        }
    }
    for (; n < 5; n++) {
        // console.log('n:${n}')
        if (!(i - n * p >= 0 && i - n * p <= 14 && j - n * q >= 0 && j - n * q <= 14)) {
            break;
        } else {
            if (chessBoard[i - n * (p)][j - n * (q)] !== isBlack) {
                break;
            }
        }
    }
    if (n + m + 1 >= 7) {
        return true;
    }
    return false
}

//检查是否获胜
function checkWin(i, j) {
```

```
    // console.table(chessBoard)
if (checkDirection(i, j, 1, 0) || checkDirection(i, j, 0, 1) ||
    checkDirection(i, j, 1, -1) || checkDirection(i, j, 1, 1)) {
        return true
    }
    return false
}
```

从上述代码可以发现，通过条件控制，当前玩家的棋子是否在横向和竖向的方向上达到 5 子连线的条件。最后，使用 checkWin()方法，当检测达到连成直线的条件后，返回胜出的提示信息。

（3）改变棋盘颜色。关键代码如下：

```
//改变棋盘颜色
colorSelect.addEventListener('change', (event) = > {
    // console.log(event.target.value)
    context.fillStyle = event.target.value;
context.fillRect(0, 0, 450, 450,);
drawLine();
})
```

从上述代码可以发现，使用 colorSelect 对象的 addEventListener()方法，监听页面中的 change 事件，根据玩家的颜色选择，从而改变棋盘的颜色，如图 14-11 所示。

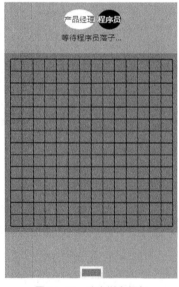

图 14-11　改变棋盘颜色

小 结

本章使用 Node.js+Socket.io+Canvas 技术，制作完成了一个相对简单的二人实时对战游戏——网络版五子棋。从功能划分，游戏由进入游戏房间、游戏玩家列表的显示和游戏对战逻辑三个部分构成。从知识点分析，涉及 Node.js 创建服务器、socket 对象的事件监听发送和 Canvas 对象绘制棋盘等技术。相信通过对本课程案例的设计和代码的实现，读者能更容易理解 Node.js 制作联网游戏的流程，这对今后的工作实践大有益处。